農家の強みをいかす

農産加工機器の
選び方・使い方

髙木敏弘

農文協

はじめに

　10年ほど前のことである。年々加除が発行される紐綴じの「食品加工総覧」という12巻の百科事典のような本に，農産加工機器導入の経験を書いてくれといわれて，執筆したことがある。日常の業務はあるし難儀だなとは思ったが，農産加工を一つの食品製造の分野として確立したいとの思いもあり，引き受けることにした。今にして思えばこの出合いが，今回の執筆のきっかけである。昨年の春に，「食品加工総覧」編集部から，単行本として加工機器の本を出したいとの話があった。私自身も今年1月で60歳を迎え，還暦となる。自分のこれまでを振り返り，30年の農産加工にかかわる活動の区切り，いわば「卒論」にとりくんでみようと思ったのである。

　とはいえ，いざ引き受けてみると大変なこともわかった。しゃべるだけならいいが，文章にしてみると不安になることが多い。私自身は加工の専門家でもないし，食品を専門に勉強したわけでもない。大学を出てから40年近い間を現場に出て，ただただ営業に携わってきたに過ぎない。しいて言えばその経験の蓄積が私の一番の財産，宝といえるかもしれない。だから，各種の加工について正しく伝えられているかといわれたら，甚だ自信はないし，多々誤りもあるかもしれない。読者のみなさんには，ぜひ本書を読まれてお気づきの点をご指摘いただきたいと思うし，農家の方々には，さまざまに学ぶことが多かったが，同時にご迷惑をお掛けしたことも多々あったと思い，この場を借りておわびする次第である。

　振り返って強く思うのは私の付き合ってきた農村女性の存在である。今風にいえば「農村女子」とでも呼びたい彼女たちの姿である。家族のことを思い，愛情をこめて家族の食べものをつくってきた。ないものねだりでなく，あるものを尽くす，その家なり地域なりで手に入るものを工夫して最大限に活かす知恵をもっていたのが農家

の女性たちである。私がいまの仕事で最も感銘を受けたのは，この農家の女性たちのもつ知恵と工夫，さらに日々の調理・加工に孜々として取り組む姿だった。

　農産加工の主役は農家の女性たち，「農村女子」である。農村加工の担い手の「農村女子」はいま，活気に満ちて元気だ。TPP参加や担い手不足だなどといわれ，日本の農業・農村は危機にある。だが，「農村女子」は元気である。米栽培の担い手がいないといわれながら，「農村女子」は米粉加工に夢と期待をかけ元気に取り組んでいる。日本は行き詰っているというが，行き詰ったのは男性社会の日本かもしれない。仕事はもちろん趣味の分野でも「釣りガール」「山ガール」また「女子会」等年齢を越えて彼女達は本当に元気である。行き詰った男社会の日本を突破していくのは「女子力」であり，農村加工を担う「農村女子」は農業・農村の救世主かもしれない。

　安全・安心をもとめて農村以外から女子が農産加工に加わってくる。加工作業はやがて原料に目覚めさせることになり，結果として原料生産の場である農業に目が向かっていく。そして本書がそうした「農村女子」の動きにつながり，少しでも彼女たちの活動の助けになり，農村加工，農業の6次産業化のお役に立つことができればこれに過ぎる喜びはない。

　最後になりましたが，本書を執筆するに当たりご協力を頂いた各地の農村加工場の皆様，また農産加工機械の情報をご提供頂いたメーカー様などにお礼を申し上げます。

　　2012(平成24)年3月

　　　　　　　　　　　　　　　　　　　　髙　木　敏　弘

目次

はじめに ……………………………………………………………………………… i

PART ❶
農村加工の特徴を活かす機器選択のポイント

Ⅰ 原材料生産の強みを活かす農家の加工 …………………………………………… 2

  ◉原料依拠か技術依存か ………………………………………………… 2
  ◉原料素材を栽培することの強み ……………………………………… 2
  ◉めざすは直売＝少量多品目域内販売 ………………………………… 3
  ◉年間の栽培暦に合わせた加工スケジュール ………………………… 3
  ◉人手と道具を活かした加工所運営 …………………………………… 4
  ◉農村加工が地域に果たす7つの役割 ………………………………… 4
  ◉人材の育成 ……………………………………………………………… 4

Ⅱ 加工所立上げのプロセス―品目別工程別機械器具検討表 ……………………… 6

  ◉農村加工所の立上げから加工機器の納入まで ……………………… 6
  ◉加工機器納入後からが本番の仕事 …………………………………… 6

Ⅲ 加工施設・加工機器選びはここに気をつけたい ………………………………… 8

  ◉加工所を設計するにあたって ………………………………………… 8
  ○作業室の換気―フードの設置 ………………………………………… 8
  ○ダクトと換気扇 ………………………………………………………… 9
  ○熱源と水回り（排水）・貯溜枡 ……………………………………… 9
  ○加工室の床はあくまでフラットに …………………………………… 10

- ○作業段取りと環境を配慮したい味噌の熟成庫 …………………… 10
- ○少量多品目生産に配慮したレイアウト …………………………… 10
- ○作業の効率化と費用の抑制 ………………………………………… 10
- ○販売を考えた施設の設計 …………………………………………… 11
- ○農村空間を活かす …………………………………………………… 11
- ●からだの負担を軽くして作業の省力化 …………………………… 12
- ○寒中の水洗い作業と洗米機 ………………………………………… 12
- ○重い味噌仕込み容器とサントカー ………………………………… 12
- ○作業台の高さや小物入れのスペースなどが作業効率をよくする …… 12
- ○作業時間のやりくりをつける―パン生地発酵管理機「ドウコンディショナー」 ………………………………………………… 13
- ○パンの販売時間は限定されている―短時間で必要な量を売りつくすためのオーブンの選択 ……………………………………… 13
- ●加工機器の材質 ……………………………………………………… 14
- ○木のせいろ …………………………………………………………… 14
- ○麹箱 …………………………………………………………………… 14
- ○竹製とステンレス製のざる ………………………………………… 14
- ○煮釜の材質とジャムの色 …………………………………………… 15
- ●微生物を活かすのが味噌などの発酵食品 ………………………… 15

Ⅳ 加工所開設のための機器選択5つのポイント ………………… 17

- ●機器選択の基本的な留意点 ………………………………………… 17
- ○現場の知恵を生かせるバッチ式機械を優先的に利用する ……… 17
  連続自動の加工機器の落とし穴／担当者の知恵と工夫で変更可能なバッチ式／バッチ式加工機器によって生まれる知恵／蒸し機とせいろで殺菌にも利用
- ○過剰な能力の機器は避ける ………………………………………… 19
- ○不必要な機器は導入しない ………………………………………… 19
- ○兼用可能な機器を選ぶ ……………………………………………… 20
- ○労力，年齢，作業負担を考えて選択 ……………………………… 20
  作業の負担を除くための機器導入／手間をかけるべきところをていねいに

PART ❷
加工品に応じた機器の選択とレイアウト

Ⅰ 麹(こうじ) ……………………………………………………………… 22

　　●発酵食品で広く活躍する麹が話題―麹は原料の質を変える ………… 22
　　●麹が開く新しい可能性に目を向けたい ………………………………… 22
　　●麹づくりの工程 …………………………………………………………… 23
　　○原料となる米 ……………………………………………………………… 23
　　○米，麦，豆など原料作物による違い …………………………………… 23
　　○洗米では水切りがポイント ……………………………………………… 24
　　○「蒸し」方がポイント …………………………………………………… 24
　　　蒸し方が違うと思うんだけど……／せいろに入れた米の真ん中
　　　を掘れ？／蒸し上がりの見極めは……
　　○種付け―デジタル温度計は必須 ………………………………………… 26
　　○麹づくりでの床と棚 ……………………………………………………… 26
　　○切返しは手早く …………………………………………………………… 26
　　○2回目の切返しは麹に合わせるのが原則 ……………………………… 27
　　●製麹機を使っても原理は同じ，品温管理はつくり手に任される …… 27
　　●麹づくりに必要な加工機器 ……………………………………………… 27
　　○洗米機(水圧洗米機) ……………………………………………………… 27
　　○水切りざる ………………………………………………………………… 29
　　○蒸し機 ……………………………………………………………………… 29
　　○木製せいろ ………………………………………………………………… 30
　　○放冷と種付けに必要となる作業台 ……………………………………… 30
　　○自動製麹機(発酵機)は自動的に麹をつくる機械ではない …………… 30
　　○半量の蒸米でも厚みは同じに …………………………………………… 31
　　●麹を使った加工品―甘酒・酒まんじゅう・塩麹・麹スイーツ・
　　　麹漬け ……………………………………………………………………… 32
　　○甘酒 ………………………………………………………………………… 32
　　　甘酒の製造工程／甘酒の製造に必要な充填機
　　○酒まんじゅう ……………………………………………………………… 34

●麹製造場のレイアウト ································· 34
　●「味噌王国」岐阜 ····································· 35

Ⅱ　味噌 ··· 36

　●「自分の米でつくった麹で味噌を仕込みたい」という声に応えた
　　多段式発酵機 ··· 36
　○味噌づくりの工程 ····································· 36
　○味噌づくりの課題─多段式発酵機開発の背景 ············· 36
　○味噌仕込み単位量の検討 ······························· 37
　○加工所のメンバーが麹づくりの全工程を共有できる ······· 37
　○トーヨー式多段式発酵機の仕組み ······················· 39
　○品温制御を実現 ······································· 40
　○毎日出麹で作業技術の向上へ ··························· 40
　●味噌づくりに必要な加工機器 ··························· 41
　○洗米機 ··· 41
　○蒸し機 ··· 41
　○発酵機 ··· 41
　○圧力釜 ··· 41
　○ミンチ機 ··· 42
　○フードミキサー ······································· 43
　○充填機 ··· 43
　○包装機 ··· 44
　　発酵ガスを逃がす包装材も／真空包装機
　○手動式リフトまたはサントカー ························· 47
　●レイアウト─先入れ先出しの原則と熟成室の位置 ········· 47
　○貯蔵─熟成室は北向きの部屋，室内空気の循環を ········· 47
　○包装室は熟成室の出口側に配置 ························· 48

Ⅲ　パン ··· 50

　●地域特性と製品コンセプトの考え方─自家製粉米粉パンの取組み ·· 50
　●パンづくりの工程と必要な加工機器 ····················· 50

- ○混合機(ミキサー)………………………………………………51
- ○ドウコンディショナー……………………………………………51
- ○オーブン………………………………………………………52
- ○冷凍冷蔵庫(パン用冷凍庫)………………………………53
- ●レイアウトについて—加工所と直売所の直結……………54

Ⅳ 納豆……………………………………………………………56

- ●自家産大豆を活かした納豆づくり……………………………56
- ●納豆菌以外の菌による汚染対策がポイント………………57
- ●納豆づくりに必要な加工機器………………………………57
- ○せいろ…………………………………………………………57
- ○発酵室(納豆製造機)………………………………………57
- ○冷蔵庫…………………………………………………………57

Ⅴ 米粉の加工品………………………………………………58

- ●農家による自家製粉の意味—自家製粉対応用製粉機の開発…………58
- ●澱粉の損傷の少ない篩付高速粉砕機HT-1………………58
- ●製粉機と米粉の質……………………………………………59
- ●自家製粉米粉を使った加工品の展開………………………61
- ●米粉による洋菓子づくり………………………………………62
- ○米粉100%のしっとりシフォン………………………………62
- ○米粉づくしのシュークリーム…………………………………63
- ○コスクラン(南蛮かりんとう)…………………………………64
- ○こめどら………………………………………………………65
- ○琵琶湖のよし粉を使った玄米ブラウニ……………………66
- ●米粉の洋菓子づくりに必要な加工機器……………………67
- ○ミキサー………………………………………………………67
- ○オーブン………………………………………………………67
- ○フライヤー……………………………………………………67
- ●米粉を使った米麺(こめめん)づくり………………………67
- ●米麺づくりに必要な加工機器………………………………68

- ○製麺機 ... 68
- ○UCカッターとロープコンベアー ... 69
- ○乾燥設備 ... 70
- ●米粉を使ったパンづくり ... 71
- ●米粉パンづくりの工程 ... 72
- ●米粉パンづくりに必要な加工機器 ... 72
- ○ミキサー ... 72
- ○ドウコンディショナー ... 72
- ○オーブン ... 72
- ●レイアウト ... 73

VI ジャム ... 74

- ●農村加工でのジャムの位置づけ ... 74
- ●ジャムづくりの製造工程と使用する加工機器 ... 74
- ○洗浄機 ... 74
- ○回転釜 ... 74
- ○充填機 ... 75
- ○脱気殺菌槽 ... 76
- ●レイアウト―前処理工程と作業動線 ... 76

VII もち ... 78

- ●カビ対策を基本とした機器選択と施設設計 ... 78
- ●製品コンセプトと機器選択―もちの切り方で特長を出す ... 79
- ●もちづくりに必要な加工機器 ... 80
- ○洗米機 ... 80
- ○蒸し機 ... 80
- ○もち搗機 ... 81
- ○のしもち ... 82
  - もちのし機／もち切り機
- ○丸もち ... 83
  - 小もち切り機とターンテーブル

- ●レイアウト ……………………………………………………………… 85
- ●もちをベースにした加工品の展開と導入機器 ………………………… 86
- ○大福もち ………………………………………………………………… 87
  - 小もち切り機とターンテーブル／もち切り機
- ●レイアウト―味噌を組み込む場合 ……………………………………… 88

Ⅷ　豆腐 …………………………………………………………………… 89

- ●豆腐加工の特徴と機器選択 ……………………………………………… 89
- ●農村加工ならではのこだわりの豆腐づくり …………………………… 89
- ○ニガリの選択 …………………………………………………………… 89
- ○大豆の品種 ……………………………………………………………… 90
- ●豆腐・豆乳加工品の展開と機器選択 …………………………………… 90
- ●豆腐づくりに必要な加工機器 …………………………………………… 91
- ●導入機器について ………………………………………………………… 91
- ○豆すり機 ………………………………………………………………… 91
- ○間接加熱釜 ……………………………………………………………… 91
- ○搾り機 …………………………………………………………………… 91
- ○冷却水槽 ………………………………………………………………… 92
- ●レイアウト―フライヤーや資材倉庫の位置 …………………………… 92
- ○揚げ物室 ………………………………………………………………… 93
- ○豆腐の二次加工品 ……………………………………………………… 93
- ○ショーケースの活用 …………………………………………………… 93

Ⅸ　そば …………………………………………………………………… 94

- ●そばの特徴と機器選択 …………………………………………………… 94
- ○玄そばを石臼で挽く …………………………………………………… 94
- ○丸抜きにする意味 ……………………………………………………… 94
- ●そばづくりに必要な機器 ………………………………………………… 95
- ○石抜き機 ………………………………………………………………… 95
- ○玄そば磨機 ……………………………………………………………… 95
- ○そば選別機 ……………………………………………………………… 95

- ○玄そば脱皮機　　95
- ○電動石臼製粉機　　95
- ○篩機　　95
- ○製麺機　　97
- ●レイアウト　　97

X　惣菜　　98

- ●原料となる農産物のブランド化　　98
- ●惣菜づくりに必要な加工機器　　98
- ○煮物　　98
    回転釜／強火のバーナー(業務用ガスレンジ)
- ○揚げ物　　99
    フライヤー
- ○炒め物　　100
    炒め機
- ●レイアウト―多品目少量加工に堪える施設　　101

XI　ジュース　　103

- ●ジュース加工の特徴と機器選択　　103
- ●製品コンセプトの考え方―香り重視ならびん容器　　104
- ●ジュースづくりに必要な加工機器　　104
- ○洗浄機　　104
- ○搾汁機および加熱釜　　105
- ○煮沸殺菌槽　　106
- ○ボイラー式かガス式か　　106
- ○充填機　　106
- ○打栓機　　107
- ●レイアウト―製造室とびん詰室の仕切り　　107

XII　アイスクリーム（ジェラート） ……………………………………………… 109

- ●アイスクリーム加工の特徴と機器選択 …………………………………… 109
- ●製品コンセプトの考え方と機器選択 ……………………………………… 109
  - ○多様な地域素材を取り込む ………………………………………………… 109
  - ○アイスクリームがひらく可能性 …………………………………………… 109
  - ○加工技術のハードルは高くない …………………………………………… 110
  - ○アイスクリームとソフトクリーム ………………………………………… 110
- ●直売所での販売が人気 ……………………………………………………… 110
  - ○ジュースとアイスクリームを比べてみると ……………………………… 110
  - ○販売スペースから加工室が見える設計に ………………………………… 111
  - ○容器のコーンも届けて加工者と共感 ……………………………………… 111
- ●アイスクリームづくりに必要な加工機器 ………………………………… 111
  - ○パスタライザーおよびフリーザー ………………………………………… 111
  - ○業務用ミキサー ……………………………………………………………… 112
  - ○カップ詰機 …………………………………………………………………… 112
  - ○業務用冷凍冷蔵庫 …………………………………………………………… 113
  - ○ショーケース ………………………………………………………………… 113
- ●レイアウト—フリーザーが販売カウンターから見える位置に ………… 114

経営の自立とコミュニティ再生へつながる農村加工 ……………………… 116

- ●大量流通・大量消費から少量多品目生産の時代への転換 ……………… 116
- ●市場流通から小さな流通システムへの切替えをどうつくるか ………… 116
  - ○顔の見える関係の上に成り立つ農産物直売所 …………………………… 116
  - ○農家本来の「おすそ分け」をベースにした小さな流通販売 …………… 117
  - ○人と人，人と地域を結び直す新しい生産流通 …………………………… 117
- ●発酵食品の変遷が教える時代の転換—環境，エコロジー，暮らしの質，安全・安心へ ……………………………………………………… 118
  - ○「自らつくること」を放棄した高度経済成長時代 ……………………… 118
  - ○「なつかしい未来」のなかに本質がある ………………………………… 118
  - ○発酵食の世界は自然との共生が前提 ……………………………………… 118
  - ○日本の農業が培った日本人力 ……………………………………………… 119

○世界の人口危機を救う日本の農業システム ……………………………119
○農業・農家こそが未来の花形産業 ……………………………………119

本書掲載にあたってお力添えいただいたメーカーのみなさん …………120
お力添えいただいた農産加工所のみなさん ……………………………122
写真撮影で協力いただいたみなさん ……………………………………122

PART ❶

農村加工の特徴を活かす機器選択のポイント

［I］原材料生産の強みを活かす農家の加工

◉原料依拠か技術依存か

　私は滋賀県安土町に生まれた。今も安土に住み東洋商会という，従業員10名に満たない小さな会社を経営している。創業以来50年以上にわたり，醸造・農産加工のプランニングを業務とし，とりわけ1980（昭和55）年以降は農産加工事業のプランニング業務を通じて，農家の手取りを増やすことのお手伝いをしてきた。ここでは，加工機器の具体的な話の前に「農家が取り組む農産加工」（以下では農村加工と呼ぶ）の意味や強さについて，これまでの私が考えてきたことを述べておきたいと思う。

　ごく大雑把な言い方だが，素材と加工技術という面からみると，素材のよさを最大限に活かせるのが農村加工であり，素材のレベルに合わせてそれを技術力でカバーしようとするのが食品工場での加工であるといえよう。素材にこだわることができるのは，農村加工の最大の強みであり，食品工場での加工には真似のできない点である。農村加工は素材のもつ品質に依拠しての加工であるから，素材生産という点からみて，農産物の栽培技術に関する営農指導も大切であることがわかる。

◉原料素材を栽培することの強み

　夏のトマトは色鮮やかだが，秋のトマトは色が薄い。ところが秋のトマトでジュースをつくることにこだわっている農家がいる。夏のトマトは水分の吸水量も多く全体に水分が多いので，成分そのものの味は薄めになる。秋のトマトは吸水量が夏ほど多くなく，含有成分も濃い。糖分も濃くなるから，味わいも深い。この味の濃いトマトを原料にしてジュースにする，というのがこの農家のこだわりなのである。あるいは酪農家がつくるアイスクリームの味も，極端にいえば毎日違う。毎朝同じように搾る原料乳でも日によって味が微妙に変わるから，その原料乳の味がアイスクリームに反映する。夏は比較的乳脂肪分が低くサラサラした味わいだが，冬は乳脂肪分も高くなるから味も濃いものになる。

写真1-1) 人の手と道具，知恵を集める農村加工[甲賀もち工房]

　農村加工の強みは，原料素材を栽培していること，素材の特質を知っていることにある。一般食品は「均質」であることに最も重点をおいているが，手づくりの農村加工は，原料をそのまま加工・製品化するために，原料の違いが製品の違いとなって現われることが多い。もちろん不良品のレベルは論外であるが，これらの微妙な違いを消費者に積極的にPRし正しく理解してもらうことが，かえって手づくり農村加工の特徴を活かすことにつながっている。

●めざすは直売＝少量多品目域内販売

　食品工場は，大量広範囲流通を考えた原料選びと製造方法によって製品をつくり出している。農家の農村加工所は，生産量におのずから限界があることもあるが，face to faceを基本にして，つくり手の顔の見える加工品づくりになっている。販売でもまず足元から着実に，クチコミなどで広げていったところが着実に販売を増している。特定の人に特定の場所で比較的短い時間に消費されるのが家庭の料理だとすれば，農村加工で生み出される製品はまさに，この家庭料理の延長上に位置づけられるものである。地域の各家庭ではつくられなくなっているような地域の伝統食品を，農村加工所が現代風にアレンジしながら昔の味を復活させている事例もある。

●年間の栽培暦に合わせた加工スケジュール

　農村加工では，農業経営と連動して加工の時期が柔軟に変化する。農繁期と農閑期があるため，農業経営のなかでの加工の位置づけによって通年加工になったり，期間を決めての季節加工

になったりする。また素材そのもののもつ季節性にも左右される。素材の収穫と農作業の集中を防ぐために貯蔵施設などが完備されることもあるが，農村加工では季節加工がかなりみられる。

一方，食品生産のみで，大きな資金を投入して始める食品工場では，投資を回収してさらに拡大をめざすために，機械の稼働率が問題であり，通年加工は当然の前提となっている。

●人手と道具を活かした加工所運営

手づくりのよさにこだわれるのは農村加工の有利な点である。時には採算を度外視することもある。同じことを繰り返しているようにみえて，人の手になる作業はそのつど微妙に変わるものである。人の手が加わるから個性的な加工品ができる。したがって農村加工ではつくり手の顔の数だけ加工品があるともいえる。採算性を基本とする食品工場では効率を問題にするため，製造方法も機械，装置により無駄を除き，品質も均質なものが要求される。

●農村加工が地域に果たす7つの役割

農村加工がその活動を通して地域のなかで果たしている役割については，以下の諸点について触れておくことが必要だろう。

1つは，転作作物や産地作物の規格外品を加工して付加価値を高めることである。2つ目には，生産品を特産化して，地域の活性化に寄与していることがある。3つ目は，加工という作業を通じて参加者相互の交流を深めることである。たとえば味噌づくりに参加することを通じて，味噌もつくるが，参加者同士の交流も行なうことができる。4つ目は，都市と農村の交流の場として，加工所が農村から都市への情報発信を行なっていることである。5つ目は，生産品を食材として供給することで，さらに付加価値を高める結果になっている。6つ目は，新しい特産品の開発を通じて新たな産地形成を促し，原料となる作物の栽培を通じて，地域での農業の発展に貢献している。7つ目は，今後の課題，あるいはすすむべき方向といったほうが適切かもしれないが，加工所から出される生ゴミを有機化し，土壌に還元して再び原料生産を行なうことによって，食と農業のリサイクルモデルとなることである。

●人材の育成

こうしたさまざまな役割を担う農村加工も，その活動の前提となるのは，核となる人材を育てることと，組織をつくり維持していくことである。生活改善グループやJA女性部による加工活動の場合，とくにこの点は強調される必要がある。生活改善グループの場合は，核となる人材が初

めからいるので，思いは周りに伝わるが，次の世代へつなげるのがむずかしい。核となる人がいる限りは続いていくが，その後継者育成がむずかしい。一方，JA女性部の場合は，JAが取り組むので組織としての継続はできるが，担当が変わることで，加工品の指導内容も変わる場合もある。農村加工をお手伝いする立場の私たちからみても，当初加工に携わった人の思いが伝わりにくい傾向があるようである。組織が継続する条件は，加工の工程のなかで，手をかけるところと省力化できることのメリハリをつけて，活動に参加するメンバー各自の負担感を極力除くことであり，そのことは同時に後継者を育てることにつながる。

　滋賀県の甲賀郡で味噌の多段式発酵機（後述）の導入にかかわったことがあるが，この場合でも，JA女性部の役員が長年継続して加工指導にあたっていたことが成功の大きな要因だった。事業が成功するためには，組織の枠組みも重要だが，それ以上に，活動の中心となる人材の確保と，具体的な活動に携わる個々のメンバーの資質をどれだけ生かせるかが重要なポイントとなるようだ。

[Ⅱ] 加工所立上げのプロセス
── 品目別工程別機械器具検討表

●農村加工所の立上げから加工機器の納入まで

　加工機器の導入を請け負う筆者のような業者からみると，農村加工所の立上げは企画立案から創業まで次のような経過を経ることになる。

　まず加工事業の主体となる団体やグループあるいは個人から企画立案の依頼が入る。場合によっては，どんな加工品をつくりたいかという具体的な意向のないまま，加工所の建設の相談が持ち込まれることもある。こうしたときにはその地域に適する加工品目の提案も請け負うことになる。地域の農業生産の概略をつかみ，加工品目を検討する。この段階で加工品の試作をすることもある。

　こうして「品目別工程別機械器具検討表」(表1-1)の原案を依頼者に提案する。この提案書にいろいろ意見がつき，さらに検討され，品目と機器がしぼり込まれる。しぼり込んだ原案をもとにレイアウト図原案をまとめ上げる。ねらいとする加工品を生産する加工施設を具体的なものにする段階である。レイアウト図原案は，さらに検討し品目と機器を確定したのち，最終的に決定される。

　こうした過程を経て初めて設計事務所との打合わせ，工事業者との打合わせとなり，そのあと入札があり納品となる。入札で決定する前の段階までの作業は，ほとんどボランティアである。納品となって初めてビジネスとして成立する。

●加工機器納入後からが本番の仕事

　納品後は加工所の立上げまでの機器操作，開業後のメンテナンス，部品・付属品・消耗品の納入により，加工活動を継続的にバックアップしていくことになる。消耗品の納品は金額としては小さく，むしろサービスとしての側面が強いのだが，納品を通してその農村加工所の発展ぶりに接することができるのはうれしいことであり，互いの信頼関係を深めることにもなっていると思うので大切にしている。

　一般的には，納品して検収がすめば，それで完了するのだが，弊社の取組みは納品後が本番の

仕事であると考えている。機械を納品後，実際に原材料を使って製品づくりのアドバイスをさせていただく。私がプランニングしたプラントのため，単に機械が正常に動くかの試運転だけではなく，それらの機械で当初計画した特産品がどのようにできるのか，その製品づくりまでお手伝いさせていただくのが私の責任だと考えている。手間がかかることだが，この「生みの苦しみ」にいっしょに立ち会うことが，加工に携わるスタッフとの信頼関係につながり，長いお付合いにつながる。このようにありたいと私は考え，農村加工事業のお手伝いをさせていただいている。

表1-1) 品目別工程別機械器具検討表

農畜産加工工程別機械器具検討表

各種農畜産加工機器・プラント・エンジニアリング・コンサルティング
(株) 東洋商会
〒521-13　滋賀県蒲生郡安土町上豊浦
TEL　0748-46-2158（代）
FAX　0748-46-4958

品目							
工程	機種	個数	単価	金額	能力	備考	

[Ⅲ] 加工施設・加工機器選びはここに気をつけたい

　前章では，農村加工のもつ意味を，食品企業との比較のなかで，やや大きな視点からみてみたが，日常的には日々続けている加工作業のなかでさまざまな課題に直面している。ここでは，そうしたさまざまな課題のなかから，農村加工所のプランナーとしてかかわった経験から，加工施設や加工機器をめぐって，いくつか気づいている点を，具体的な例によりながらまとめてみたい。

●加工所を設計するにあたって

作業室の換気 ― フードの設置

　農村加工では味噌やもちをつくるところが多い。蒸し機やせいろは必須の加工機器となる。蒸し機を設置するときに大切なのは，蒸し機の天井部分に設置して蒸気を集めて抜くためのフードの大きさと，換気扇の能力である。加工施設を設計するときに　煮炊きをし，コンロなどで裸火を使ったり煙が出たりする加工空間には，天井から空気を抜くためのフードをつけることが食品衛生法で決められている。もちろん建築設計士はフードや換気扇の設置にぬかりはないが，問題なのはその大きさである。

　現場を知らない設計士の場合，設置するフードが小さすぎたり，フードで集めた蒸気を天井近くにダクトを配して，換気扇のある排出口まで誘導したりするような設計になることがある。ガスコンロや蒸し機の能力から計算して換気扇を選択するのだが，どうしても能力の低いものをつけてしまいがちである。実際に蒸し機を使うとわかることだが，小さいフードではせいろから噴き出した蒸気が加工室内に充満して，あたかもサウナの中にいるような状態になってしまう。これではカビや雑菌の繁殖を促進するようなものである。味噌づくりにしてももち

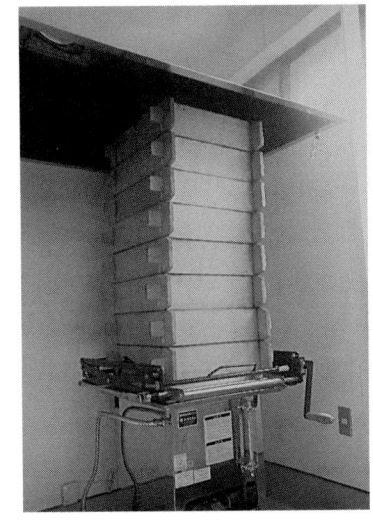

写真1-2) 蒸し機の上のフード
［大山田農林業公社］

づくりにしても，雑菌やカビはできるだけ避けたい。しかもサウナのような環境では，作業がやりにくく効率も落ちる。回転釜を使うときの蒸気と蒸し機から出る蒸気とはその量が圧倒的に違う。機器ごとにkcalの熱量表示があるが，それに従った想定だけでは蒸気排出量は予測できない。これまでの経験から，最小でも蒸し機が占有する面積の1.5〜2倍の広さをもつフードを設置したい（写真1-2）。

ダクトと換気扇

また，加工室の天井にめぐらしたダクトで蒸気を誘導することは極力避ける。こんなことをすればダクトの中はカビの温床となることは目に見えている。フードの排出口は直接壁から外へ出せるように設計すべきである。フードの排出口に設置する換気扇は，業務用の有圧換気扇をつけるようにしたい（写真1-3）。

換気扇と反対側に空気取入れ口（開口部）を設けることも必要である。排出口の外には下向きのダクトをつける。ただ，排出口の位置につ

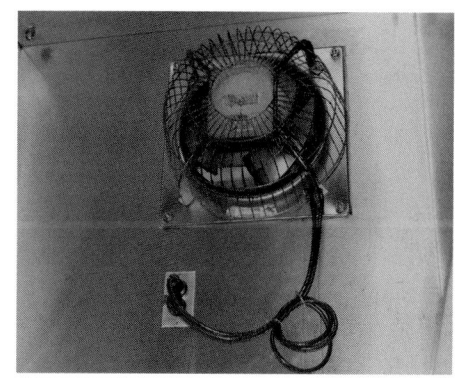

写真1-3）フードの排出口につけられた有圧換気扇
[JA草津あおばな館]

いても，風の強く吹きつける場所や住宅が接近しているようなところはできる限り避ける。風の吹きつけが強いところでは，排出ダクトを下向きにしてあっても換気扇の能力は落ちてしまう。加工所が建設される場所に関しても，周囲に民家が近いなどの条件があるときには，できるだけ音の出るものやにおい，蒸気を排出する排出口を民家側に向けない配慮も必要である。安定経営のためにも，近隣との関係を良好にしておくことは大切である。

熱源と水回り（排水）・貯溜枡

加工所の配置を決めるうえで水回りと熱源をどこに置くかは慎重に考えるべきである。一般的には，窓に近いところにガス，シンクなどの水回りを集め，フードを出しやすくすることが大切である。これは配管にもかかわるので建設経費を考えるうえでも重要なポイントといえる。

熱源と併せて加工所の設計をするときに重要なのが，水回りである。加工所全体の作業の流れを考え，できるだけそれがスムーズにいくようにすることと，排水溝の設計位置の都合から，排水溝に付属する貯溜枡が室内にあるようにレイアウトされることがある。貯溜枡は底に水が溜まってしまい，ゴミも集まるので雑菌が繁殖しやすい。貯溜枡は室外に設置するような設計にすべきである。

加工室の床はあくまでフラットに

回転釜は煮汁が周りにこぼれることもあるので釜の周りに枠を設けたり，作業しやすいようにと釜を設置する床部分を一段低くしたりすることがある。ただ，こうした段差や枠を設けることは，作業中のつまずき事故のもとになるので避けたい。作業室の床はあくまでフラットにしておくべきだろう。回転釜を90度よりも傾けて中身を出すときには，どうしても床に汁などがこぼれることがある。そこで，回転釜の回転方向に合わせて排水溝を設置するように設計するとよい（写真1-4）。

写真1-4）
回転釜の下に排水溝を配す
[大山田農林業公社]

加工室の床をすべりにくいざらざらしたものにすると，床の凹凸の間に雑菌やカビが繁殖する。できるだけ床はフラットにする必要があるが，これでは作業中にすべりやすい。そこで選びたいのはすべりにくい作業用長靴を選ぶことである。

作業段取りと環境を配慮したい味噌の熟成庫

味噌は熟成期間が長い。熟成には数か月をかけることになる。熟成室はその熟成期間の主役だ。熟成室は加工所のなかでも比較的冷涼な北向きの場所に配置する必要がある。さらに雑菌の繁殖を防ぐため空気の対流が起こるように天窓や換気扇を設置することが望ましい。また，熟成庫の構造で重要なのは，樽を運びこむ口と熟成した味噌を搬出する口を別にしておくことだ。仕込み容器も重いので，先入れ先出しが可能な熟成庫にしたいものである。

少量多品目生産に配慮したレイアウト

加工室の部屋割りだが，食品衛生法上は一加工品につき一加工室をあてるのが原則である。ただ農村加工の場合，基本的には少量多品目生産であり，かつ加工期間が限られることが多いから，加工所スペースの効率的な活用ができるように工夫したい。

作業の効率化と費用の抑制

レイアウトにあたっては，作業の効率化と設備費用の低廉化をめざすことである。作業工程に合わせた機器配置を行なうことで効率化を図り，ガス，給排水などの同種の設備は機器をひとまとめに配置することで低廉化をめざす。このように，いろいろな兼ね合いを考えトータルとしてよりよいレイアウトにすることが重要である。

販売を考えた施設の設計

　単なる加工品をつくる段階から，販売を考えるようになってくると，加工施設のありようも変わってくる。まず加工所の規模も，当初の転作大豆の味噌加工用の小規模のものから，バブル経済の時期をはさんで，主として自治体やJAが事業主体となり多品目加工を想定した中規模のものへと変わってきた。その後は，中規模の加工所でグループ加工に取り組む場合やさらには1〜2名の小規模加工所がいくつか寄って直売所をもつケース，専業農家が個人で加工部門をもつケースなども増えてきている。

　最近では，販売に配慮して，幹線道路沿いに直売所と併設される加工所が多い。加工しているようすが見えたり，加工しているときの食欲をそそるうまそうなにおいがただよったりするように加工所を設計することで，加工する側と客が交流する場が出来上がる（写真1-5）。客の反応と志向がみえてくる。さらにすすめば，つくられたものを買うばかりではなく，道具を使ってまねごとでもいいから加工品をつくってみたいという客も出てくる。そんな人のために体験施設を併設した直売施設も出てきた。客は，加工を体験することで，単に加工品を買うという受け身の側から，自分でつくる側へと誘導され，加工品への関心をいっそう深めることになる。

農村空間を活かす

　レストランを併設した場合は，加工所での加工作業とその加工品の販売ばかりでなく，加工所のある地域全体をアピールする場となる。レストランの周りの景色もそうしたアピールポイントとなる場合が多い。農村での加工は，都会の消費者に対して農村のもつ魅力の総体を打ちだすことで大きく展望が開ける時代であるということである。

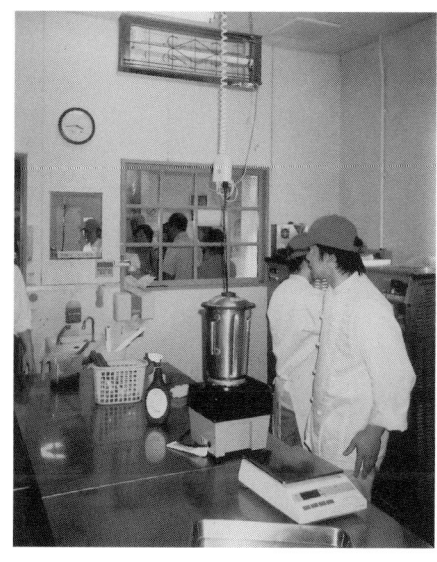

写真1-5）
売り場と加工所の双方からようすが見える施設
［あいとうマーガレットステーション］

●からだの負担を軽くして作業の省力化

寒中の水洗い作業と洗米機

　加工作業では単調でからだにきつい作業は，できるだけ機械に代えていくことも必要だ。加工に携わる人たちの年齢が高くなるほどこうした配慮が事業の継続性につながる。技や知恵は生かすが体力は衰えてくるのだから，衰えた体力は機械に補ってもらうという発想である。たとえば原料となる米の水洗い作業がある。寒い時期の水作業を考えるなら，これなどは洗米機を使うべきだろう。水圧式の洗米機は水道の水の力以外は必要ないから省エネルギーにもなる。作業にメリハリをつけて，単純で繰り返しの多い作業は機械にまかせ，機械に代えられない大事な作業については，十分な時間と手間をおしまない条件を整えることが必要だ。

重い味噌仕込み容器とサントカー

　味噌づくりで体力的にきついのは，味噌を仕込んだ容器を熟成庫へ運搬して積み上げる作業である。30kg，60kgといった重さの仕込み容器（味噌樽）を移動し，積み上げるのは大変な作業である。こうした作業に生かせるのが手動式リフトやサントカーである（写真1-6）。いずれも油圧ポンプを利用したもので，積上げ作業を軽減してくれるものである。

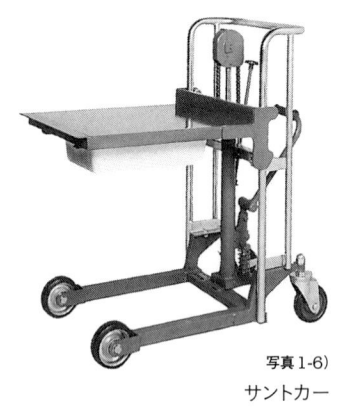

写真1-6）
サントカー

作業台の高さや小物入れのスペースなどが
作業効率をよくする

　作業台の高さは長く同じ作業を繰り返す農村加工では大事なチェックポイントとなる。加工作業をする人の背の高さによって台の高さは作業効率にも影響する。また，簡単な道具などをしまっておけるスペースの作業台は使い勝手がよい。写真1-7は収納スペースがなく，作業台としてもやや低めであったことから，加工作業者が自ら工夫して収納スペースと高さを調整した例である。何ということもないようだが，作業台を高くして作業小物を収納できることで作業効率がよくなった。

写真1-7）
作業台の高さ調整と作業台の下の収納スペース［里山パン工房］

作業時間のやりくりをつける
― パン生地発酵管理機「ドウコンディショナー」

かつてのパン職人は，午前2時，3時に起き出して生地を捏ね，発酵するのを待って焼きにかかり，朝食時間帯の数時間のうちにパンを販売するという日課であった。夜の明ける前からの作業である。いまでもヨーロッパのパン職人はこうしたサイクルの仕事をしているようだ。直売所でパンを販売する場合にも，パンを焼く香りとともに焼きたてのパンを提供しようとすれば，逆算して早朝から作業にかからねばならない。発酵を待たねばならないから作業時間も早めなければならない。

写真1-8)
発酵開始時間をコントロールする
ドウコンディショナー［京・流れ橋食彩の会］

ただ，これは農村加工グループなどにとってはなかなかきつい条件となる。朝は家族の食事の準備をしなければならないなどの事情をかかえるメンバーも多いからだ。そこでパン生地をつくって入れておけば，自動的に発酵に入るような温度管理ができる機械ができている。ドウコンディショナーがそれだ（写真1-8）。温度を操作することによって発酵開始時間を管理できるから，焼き始めの時間に合わせて加工所へ集まればよいことになる。

パンの販売時間は限定されている
― 短時間で必要な量を売りつくすためのオーブンの選択

パンは朝早くから昼すぎの2時くらいまでしか売れない。しかも売れる時間は集中している。集中している時間に十分な製品量がなければ，顧客は逃げてしまう。限られた時間のうちに売り切ってしまうためには，作業工程も能率よく短くする。オーブンなら一度に焼く量が多いほうがよい。食パンはスペースを確保しなければならいから，菓子パンもいっしょに焼こうとすると大きめのオーブンが必要になる。そのため機種については後から継ぎ足せるタイプがよい。一体ではなく増設できるタイプのオーブンを選ぶ。最初は2段でもあとから必要に応じて3段に増やせるタイプが過剰投資にならないためにも好ましい（写真1-9）。

写真1-9)
焼き釜を継ぎ足せるタイプの
オーブン［里山パン工房］

●加工機器の材質

木のせいろ

　木のせいろは素晴らしい。麹づくりは「一に蒸し」といわれる。米の蒸し加減で麹のできに大きな影響をあたえるからだが、この蒸しに使うせいろはやはり木製のものがすぐれている（写真1-10）。アルミ製のものもあるが、アルミは吸水しないので、どうしても内側に水滴がつく。せいろの内外の温度差で内側に結露ができ、これが蒸米（むしまい）に吸収されると米は蒸したのではなく炊いたようになってしまう。アルミ製のせいろではこうしたことが起こりやすい。これに対して木製のせいろではまず内外の温度差が小さい、また木製なので水分を吸水するから蒸米に吸収されることはごくまれである。伝統的な素材の加工機器のすぐれた特性を示しているせいろに木を使ってきた意味もここに見出すことができる。

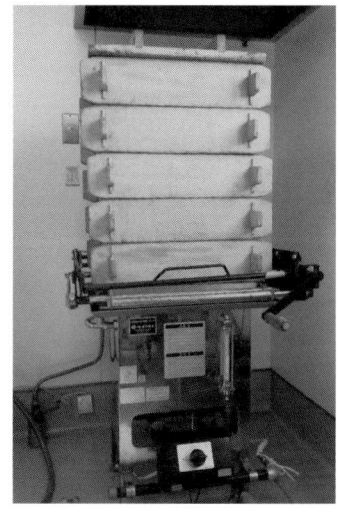

写真1-10）蒸し機の上に積み上げられた木製せいろ［大山田農林業公社］

麹箱

　国産材でつくられた木製品のよさについては、後述する多段式発酵機に使う木製の麹箱の経験についても触れておきたい。初めて多段式発酵機を製作したとき、麹を入れる木製の箱をつくったが、これに外材を使ったのである。6か月経っていざ味噌を出荷するというときになったら、異臭のする味噌になってしまった。外材に使われていた防腐剤のにおいが、麹を介して味噌にうつってしまったらしい。原因はすべて、外材にあると断定はできないが、国産のスギ材に替えてからはまったく異臭問題は起きていない。外材は、外見上問題なくみえるが、食品に直接かかわるときには注意すべきであろう。

竹製とステンレス製のざる

　機器の材質については、米の水を切るためのざるも金属製でなくできれば竹製を勧めたい（写真1-11）。金属製では表面張力の関係で、網目に水が溜まったままになり、水切りをしているつもりが水はまったく切れていないということもある。米を水洗いしてざるで水を切る（写真1-12）。水がうまく切れないと蒸米がべたついたものになることもあり、種付けのときの効率も落ちる。水切りに使うざるも、竹製のものは竹の厚みがあることで水が切れる。ステンレス製のざるでは、たしかに細かい網目をもつ点ではすぐれているが、細いほど平面に近くなるので水の表面張力により水

が切れないで残ることが多い。1時間おいてざるに手を入れると水が流れ出るのは水が切れていない証拠。改めてざるは竹製であることの意味を見直した体験であった。

　竹の材質は水を吸収するだけでなく，その厚さが表面張力を弱めることもはっきりしている。昔の道具のもつ意味をも考えさせられる事例である。学校給食に味噌をとりあげるなら，ぜひこういう味噌づくりのための道具に込められた先人たちの知恵を伝えることまで踏み込んでもらいたいものである。

　換言すれば，ステンレスのざるを使わざるを得ない場合は，一定時間のうちにざるを揺り動かすなどして，水切りを促進してやることが大切になるということでもある。

煮釜の材質とジャムの色

　ジャムはできるだけ色鮮やかに仕上げたいとだれしも思う。ジャムの仕上がりの色にいちばん影響するのは加熱時間である。沸点を下げて密閉した状況で短時間に加熱するのが真空濃縮釜である。ただこれは値がはるので，通常の農村加工ではほとんど使わない。

　加熱時間に比べると影響は少ないが，煮釜の材質がジャムの色に影響することがある。ウメジャムやキウイフルーツのジャムは銅製の鍋にする。銅鍋にするとキウイフルーツのジャムは色が鮮やかになる（「食品加工総覧」第7巻より）。

●微生物を活かすのが味噌などの発酵食品

　あるとき味噌をつくる施設を新たにつくることになったので，味噌づくりに必要な加工機器を一式そろえてくれとの依頼があった。弊社開発の多段式発酵機を含めて，せいろから圧力釜から，ミンチ機から充填包装機までとにかく一式をそろえて納品した。いよいよ加工が始まり，蒸米に種麹を付けていよいよ発酵機に引き込むところまでいき，多段式発酵機に種付けした蒸米もセットされた。ところがどうしたことだろうか。発酵機内の温度は一向に上がってこない。

写真1-11）水切れのよい昔からの竹ざる［(有)藤倉商店］

写真1-12）洗米を入れたステンレスざる

事業予算を使って導入している役場の担当者は大いに困り，怒ってもいるようで，すぐに現場を見に来いという。取るものも取りあえず，おっとり刀で加工所へ行ってみた。なるほど発酵機内は温度が上がるようすがない。さんざんに調べてみたが一切異常はない。マニュアルどおりで段取りもおかしくない。機器も正常だ。加工所のメンバーからもいちいち経過を聞いてみた。その結果やっと原因が判明した。発酵機を始動する前に，食品衛生に配慮して発酵室内を消毒するつもりで次亜塩素酸ナトリウムできれいに拭いたあと，扉を閉め切っていたというのである。

　いわずもがなのことながら，麹は麹菌の分解する力とそれがつくり出す酵素によって米の澱粉を分解し，まったく質の違う食品とするものだ。微生物の活動を巧みに利用して人間にとって有用な食品となっているのが発酵食品なのだが，微生物が次亜塩素酸ナトリウムによって殺菌されて，活動できない環境にあっては，麹も活動はできず発酵食品はできない。次亜塩素酸ナトリウムが，有用な麹菌まで殺してしまった例だ。消毒後に扉をあけてあれば，事情はやや違っていたかもしれない。

[Ⅳ] 加工所開設のための機器選択 5つのポイント

●機器選択の基本的な留意点

　農村加工において地場産の原材料を使った手づくり食品はなぜおいしいのだろうか。それは，その地域である特定の時期にとれる十全な素材を，最も味のよいときに手間をかけて加工するからである。換言すれば，人間や機械の都合にではなく，素材の都合にあわせて加工し，しかも地域の自然の一部ともいえる素材を，その同じ自然を共有する地域の人間が加工するからおいしい。素材の力を最大に生かすことと，加工にあたる人間の知恵を最大に出し切る工夫。これこそが農村加工の持ち味である。

　この前提にたつと，農村加工における加工機器の導入にあたっての基本的な留意点は以下の5点にまとめられる。

現場の知恵を生かせるバッチ式機械を優先的に利用する

●連続自動の加工機器の落とし穴

　まず，連続自動の機械はできるだけ導入しないことである。人間の知恵にまさるものはない。人間の知恵を十分に発揮するには，加工工程に人間が介在できない連続式加工機器ではなく，バッチ式で人手が介在せざるを得ない機械にすべきである。人が介在すると，必ずその作業を通して作業担当者のなかから知恵が生み出されるものである。この知恵が財産である。

　トマトジュースをつくりたいので関連の加工機器一式を見積もってほしいと連絡をうけたので行ってみた。加工所の建物はすでに以前のものがある。中を見てみると高価な加工機器が入っているが，近年は使われていないようすである。それもそのはずで，この大型機械は全自動の山菜加工機械だった。昭和の末に山菜加工に取り組むというので，建物と全自動の山菜加工機器を導入した。たしかに人手ははぶけたし生産量も上がったが，その後の販売状況の変化からか，機械の耐用年数を超えるまでに山菜加工品づくりはだれもやらなくなってしまった。まだ耐用年数に至らないのだから名目上も加工は続けなければならない。なんとかならないかという相談だった。

　全自動式の大型機械はたしかに便利で手間がかからないかもしれないが，それ以外に新たな加

工品を生み出すきっかけをつくりだすこともない代物であることがよくわかる。

● 担当者の知恵と工夫で変更可能なバッチ式

　加工施設の計画当初の製造品目と製造数量に合わせて全自動の製造機械を導入した場合，その後の状況の変化により，当初の製造品目が維持できなくなると，製造品目と製造数量の変更ができにくいことが多い。その点，バッチ式機械の組合わせの場合は，担当者の知恵と工夫により，製造品目や製造数量の変更，とりわけ製造品目の変更が可能である。ある加工所を訪問したときのことだが，当初計画されていない加工品が製造販売されていることに気づいた。「どこかよそから新しい機械を入れたのだろうか」と思って尋ねてみると，新しい機械は買わずに，今ある機械を使って知恵を集め，工夫を重ねて新しい製品をつくったという。改めて人間の知恵の素晴らしさを感じたのである。バッチ式の加工機器を勧める理由のひとつがここにある。

● バッチ式加工機器によって生まれる知恵

　たとえば，丸もちをつくるときに使うもちを定量にカットする機械を，大福もちづくりに応用すると，段取りもよく作業が進められる（写真1-13）。もちが定量にカットされれば，あとは手でもちを成形し，あんをくるむだけである。包あん機もあるが，小規模から中規模程度の加工であれば，もちを定量にをカットする機械と手仕事の組合わせで十分である。いま手元にある施設設備で品目を増やすという姿勢は，加工品目のメニューを開発し増やしていく際に求められる発想でもある。

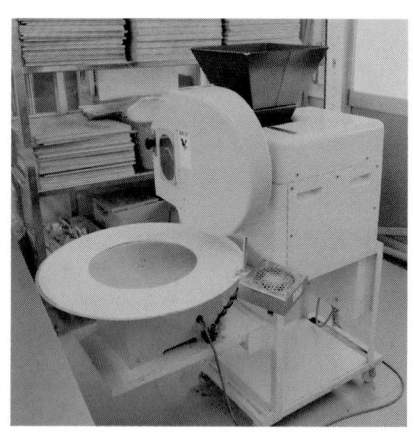

写真1-13）丸もち定量切断機［甲賀もち工房］

　次のような例もある。味噌の米麹をつくる際に，蒸米に敷く床もみ布というものがある。この床もみ布には米が粘りつかないのをみて，この布をすしづくりのご飯に酢をまぶす作業に応用した人がいる。このような着眼は，現場で生まれるものであり，こうした発想は大切にすべきだ。こうした発想が生まれるのも，連続式の機械ではなく，バッチ式の単独な機械の組合わせであるからこそであろう。

● 蒸し機とせいろで殺菌にも利用

　ある加工所で蒸し機のフロート（蒸気噴出口）（写真1-14）から水位上昇になって湯があふれて困っているという相談をうけた。調べてみると，給水弁に使われるパッキンがいたんでいる。パッキンは消耗品とはいっても，容易にいたむようなものでもない。よほどこの蒸し機はよく使われているということでもある。通常の蒸米を製造するだけなら，こんなに使いこむことはないと思い何に使っているのかを尋ねてみた。するとこの加工所では蒸し機を別の用途にも活用していることがわかった。

この加工所は味噌のほかにジャムの製造も手がけているが、ジャムを充填するびんの殺菌にこの蒸し機を使うというのである。写真1-15のように木製のせいろの内側にステンレスのサナを敷き、ここに充填用のびん容器を並べ蒸気を当てて殺菌するのである。もちろんこの加工所ではガスを熱源とするガス殺菌槽(写真1-16)も設備していたが、このガス殺菌槽は、殺菌槽の中に殺菌しようとするびんを専用かごに入れて沈めるものだが、びんを入れた専用かごを湯の中に沈めたり湯の中から引き上げたりするのは危険を伴うつらい作業となる。その点セロベーターを操作してせいろで消毒する作業は行ないやすい。1つの加工機器を多様に活用する現場の知恵のひとつといえるであろう。

　機械をその本来の用途とは別に、応用して使いこなすことが農村加工成功の1つのポイントである。

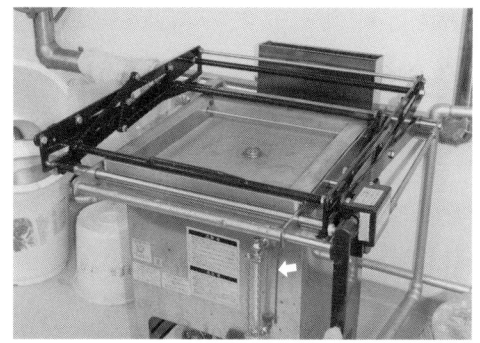
写真1-14) 蒸し機のフロート(前面の水位計と連動している)
[大山田農林業公社]

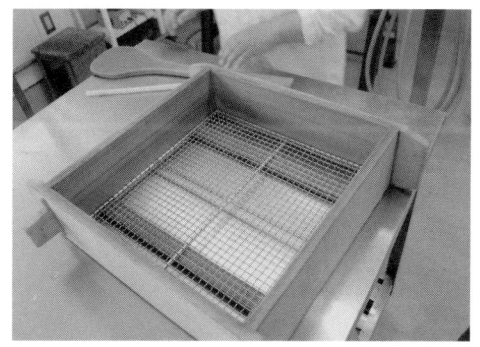
写真1-15) ステンレスのサナを組み込んだ木製せいろ
[大山田農林業公社]

過剰な能力の機器は避ける

　2つ目の留意点は大きすぎる能力の機器を入れないことである。機械が大きいと素材に必要以上に無理をかけることになり、素材をいためやすくする。大は小を兼ねないのである。

不必要な機器は導入しない

　不必要な機器の導入を避けることが3つ目の留意点といえる。素材原料は、手を加えれば加えるほどその品質が落ちる。必要以上に原材料を機械にかけることは避けたい。たとえば

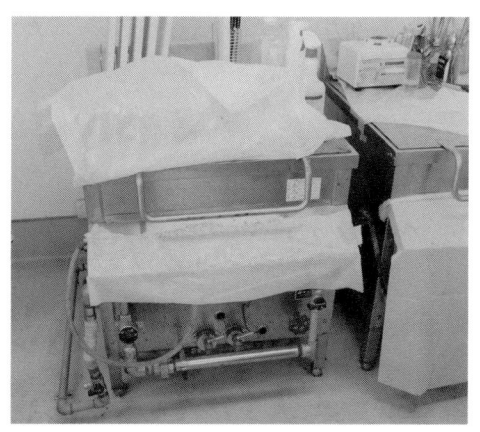
写真1-16) 使われなくなったガス殺菌槽
[大山田農林業公社]

ジュースの加工でも、搾汁したジュースを次の工程に移送する場合に、自然の落下を利用してポンプでの移送を省くことにより、ジュースの品質が落ちないように加工作業を工夫するなどして、必要以上に機械に頼らない方法を考えたい。足りないものを補う工夫が、意欲的な加工の取組み

を生み出すことにつながることは多い。

兼用可能な機器を選ぶ

　不必要な機器は導入しないということとはうらはらの関係にあるが，4つ目の留意点は極力，1つの機器を兼用することである。農村加工は少量多品目の場合が多いし，加工する時期も原材料が収穫できるときだけという場合も多いので，無駄をなくして，1つの機械を多機能に活用すべきである。

労力，年齢，作業負担を考えて選択

●作業の負担を除くための機器導入

　農村加工の場合，多くの加工所で抱えている問題の1つが，加工に携わる人間の高齢化である。年を取ると作業がきついと感じることが増えるのは確かである。人手をかけたもの，手づくりにこそ農村加工のよさが出ることを強調してきたが，作業の重要性を見極め，品質にかかわる重要な作業は手作業にこだわり，それ以外の機械でできることは，できるだけ機械にやらせるようにしたいものである。寒い冬の水洗い作業や重い容器の運搬，無理な姿勢での混合作業などはできるだけ機械化したい。きつくて単純な作業が続くようでは，後継者も生み出せないと考えなければならない。単純作業については機械化して負担を軽減・省力化することは，後継者を呼び込む1つの条件でもある。

●手間をかけるべきところをていねいに

　もちろん単純に何でも機械化しようというのではない。たたいたり，挽いたり，運んだりというような機械でできることについては，できるだけ機械化による省力化を図り，農村加工でなければできない質の加工に，その分の手間をかけたいのである。

　たとえば，鹿児島県でサツマイモの菓子を製造している有限会社九面屋の鳥丸正勝氏は，次のように言う。「中小企業の特性は完全なライン化ではなく，必ずワンポイント，手作業の場所を意識的に組み入れることにある。手づくり感覚を残すための工夫である。効率性・手づくり・多様性といった問題を解決しながら中小企業でなくてはできない工場内人員配置と，流れの配置に苦労しているのが正直なところである」(「食品加工総覧」第9巻より)。

　農村加工の手づくりのよさを生かしながら，作業負担を軽くするように機器選択をすべきなのである。

　それでは以下，加工機器の選択のポイントと加工所のレイアウトについて具体的にみていこう。

PART ❷

加工品に応じた機器の選択とレイアウト

[I] 麹（こうじ）

●発酵食品で広く活躍する麹が話題 ── 麹は原料の質を変える

　麹さえあれば，米と合わせれば清酒になり，豆と合わせて味噌になり，麦と合わせて醤油になる。麹を使った納豆には浜納豆，寺納豆がある（小清水正美著「農産加工便利帳①」）。清酒づくりの工程の延長には焼酎もある。麹を使う漬物ではべったら漬がある。最近見直されている甘酒も麹からであり，酒まんじゅうがあり，麹のスイーツも始まっている。ちまたで話題の「塩麹」は従来の塩切り麹と思っていたが，これは思い違いだったようだ。塩切り麹は麹の活性を抑えて保存する意味合いだが，塩麹は麹の酵素を生かした新しい塩調味料とでも考えたほうがよい。塩麹は，麹の酵素などの力を保持しているから澱粉やタンパク質を分解する作用がある。タンパク質があればアミノ酸などを生み出すし，澱粉なら糖分も生成する力がある。

●麹が開く新しい可能性に目を向けたい

　このように麹は，多岐にわたって活用され，さまざまな発酵食品，調味料を生み出してきたし，日本の伝統的な味覚のベースをつくってきたといえる。こうした麹にいままた光が当たっているのはよろこばしい。麹をめぐっては今後いろいろに可能性が開けていくのではないかと思われる。麹の可能性をもっと広げて考えていくべきだろう。以前こんなことがあった。もちと味噌をつくっている加工所で，かきもちに味噌を入れて味噌のかきもちをつくることになった。ところが味噌を入れたこのもちはいつまでももちが軟らかくて，硬くならない。大福もちに入れてみたら，いつまでも軟らかい。大手の製パン業者の大福などは酵素を使っていると表示にある。つまり味噌入りのもちは，おそらく麹の酵素が働いてもちを硬くさせない作用をしているものと思われる。硬くなりにくいもちのつくり方を考えるうえでも，麹はひとつのヒントを与えてくれるといえるのではないか。
　ついでにいえば，もちに麹を入れるときのポイントは麹を入れる温度帯だと思う。麹の酵素が作用できる温度でもちに麹を搗き込むことが肝心だ。こんなおもしろい例も含めて考えると，麹の活用法はもっと広がっていいし，食の伝統を生かすうえでも発酵食品の出発点である麹について認識を広げるべきであろう。
　農村加工所は複合化している。味噌ともち，パンと味噌のような組合わせがあるなら，食品衛生

上は加工室を仕切ることが求められるのだが，この加工品ごとの部屋を越えて使える手立て，手法を生み出していくときのきっかけになる発想が麹にはあるように思う。これまでにないもの，とんでもない食品が誕生する可能性を含んでいるのが麹といえるかもしれない。

　米粉パンの生地に粉砕した麹を入れてみた。パンのレシピはこれまでと変わらない。ところがパンはまったくふくらまない。これも麹の酵素がグルテンの皮膜の形成に何らかの影響を与えたのではないかと思う。麹を製粉して粉にするということも可能ではないか。粉にすれば可能性は大きく広がる。粒より粉。麹の粉をつかった新しい農村加工食品が生まれる可能性は大いにある。

　いずれにせよ発酵食品全体のスタートの元がこの麹である。

●麹づくりの工程

　麹の製造工程を図2-1に示す。

原料となる米

　原料米は糯米系のものでないこと，粘りがある米でないほうがよい。粘りのある品種は，塊になりやすく床もみしにくい。糯米系の新米も麹用には向かない。うまい米の新米でという心情はわかるが，新米のなかでもコシヒカリなど糯米系統の多いものは，麹にするには粘りが強く床もみしにくい。

　形状としては丸米であること。砕米や半分にかけた米が混じるのはよろしくない。同じ品種，収穫時期も同一のものがよい。こうした判断のもとにあるのは，吸水が一定するということである。吸水が均一に一定のものであれば，蒸しも均一で一定してくる。蒸しが均一であることが種付けのときに影響し，全体の麹の質を決めるからである。

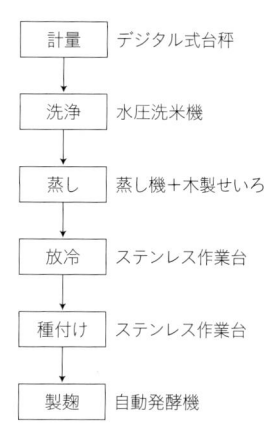

図2-1) 麹の製造工程と必要な加工機器

計量	デジタル式台秤
洗浄	水圧洗米機
蒸し	蒸し機＋木製せいろ
放冷	ステンレス作業台
種付け	ステンレス作業台
製麹	自動発酵機

米，麦，豆など原料作物による違い

　麹原料には米，麦，豆などが使われるが，私は麦を使う麹はいちばんむずかしい。麦は吸水が速いので水分量に注意が必要だ。早く温度を上げてファンを回して乾かすようにする。水分が多いと失敗する。麦の場合はできるだけ水分を飛ばすようにして，常に乾燥ぎみに進行するのが基本になる。発熱量は米を100とすれば豆は倍，麦はその中間というところだ。自動発酵機での取り込み量で比べれば，米が100なら豆は50，麦は70を目安とする。ファンの能力は決まっているから，この発熱量の割合に合わせて取り込み量を決める。発熱量の多さに合わせて発酵機の取り込み量と温度設定を加減していく。

豆はいちばん温度が上がりやすいので，上がらないように気をつけていつも抑えぎみに管理する。温度が上がってしまうと雑菌に汚染され納豆になってしまうことも多い。温度を上げすぎない管理が必要だ。豆麹は床もみをしない。大麦の粉のはったい粉（むぎこがし）の中に麹菌を混ぜる。そして豆麹の表面を覆うように，くるむように混ぜる。雑菌がつくと汚染されやすいので，いっさい手でふれないこと。麹菌を混ぜたはったい粉（全体量の5〜8％）を全体に振りかける。豆をころがし，豆の表面の水分を飛ばしながら，はったい粉でくるむようにする。豆の品温は中心部が高いので，米ほど厳格でないが，40℃を超えないように管理。米麹の場合は36，38，40℃と温度上昇をファンでコントロールするが，豆は常にファンを回しておかないと温度が上がってしまう。ファンを回し続けて40℃以上に上げないことが肝心だ。

洗米では水切りがポイント

洗米のあとの水切りが重要だ。洗米はざるにあげる。ざるの材質による水切り状態の違いについては，14ページに述べたため，ここでは繰り返さない。

水切りがなぜ大事か。米を蒸すには表面にある水を飛ばしてからでないと，中に蒸気が通らない。水滴がいっぱいついていたら蒸しに時間がかかる。さらに水切りが不十分の場合，底のほうはドボドボ，上は乾燥ぎみになっている。表面の水分量が不均一になっているわけである。水分量が不均一なら蒸しも不均一になる。

表面が乾燥しているところは蒸気が速く通る。ベタベタのところは蒸しに時間がかかる。蒸しが不均一な米はいい麹にならない。麹は蒸しで決まる。蒸しは水切りで決まる。だから水切りのよい竹のざるにすばらしさを感じる。木のせいろもすばらしい。麹づくりには木のせいろ，竹のざるなどは不可欠といってもよい。ただ，竹製のざるは手に入りにくいため，ステンレスのざるを使わざるを得ない場合は，一定時間後にざるを揺り動かすなどして水切りを促進してやることが必要になる。

「蒸し」方がポイント

●蒸し方が違うと思うんだけど……

農村加工所でも，麹がうまくいかないとすぐに，機械が悪いのだとなる傾向がある。JAも普及センターも世代交代の時期を迎えており，加工の現場指導担当者には若いJA職員もみられるようになった。若いJA職員はベテランの加工所メンバーに向かって，「そのやり方は違う」というのはむずかしい。こうした関係のなかにあって，加工所のベテランが気付いていない誤りでよくあるのが，米の蒸し方である。

蒸しはむずかしい。造り酒屋の蔵人さんは何十年と蒸しにかかわっているのに，蒸しに関して毎回慎重に取り組んでいることをみてもそれはわかる。麹づくりは蒸しで決まる。加工所のベテラ

[I] 麹（こうじ）

ンの蒸しのやり方がおかしいと思っても，若い職員は言い出しにくい環境にある。たしかに，おこわでももちづくりでも蒸し米をつくるから，米の蒸しは日常的にやっているという自負がベテランの加工所メンバーにはある。そこが落とし穴である。糯米の蒸しと粳米の蒸しは，まず蒸し上がり状況が大きく違う。粳米の蒸しは，糯米の蒸しより硬めに蒸し上がるので，いつもの糯米の蒸しをもとにしていると，蒸米の判断を間違えることになる。

● せいろに入れた米の真ん中を掘れ？

　誤りの1つは，米を蒸すときに「せいろに入れた米の真ん中を掘れ」といわれることである。米を入れたせいろは，周りから蒸気が抜けやすい。蒸気が周りから抜けてしまったら全体の蒸しが悪くなる。したがって本来の意味合いは，周りから蒸気が抜けやすいから，抜けにくくするために，周りの米を厚めにせよということである。結果的に周囲に比べると真ん中は薄めになるということであり，「真ん中を掘れ」ということではない。

　最初にも述べたように，麹は蒸しで決まる。水切りが大事。蒸気が周囲から抜けることを防ぐために，周りにすき間のないように張り込めば，あえて厚めにする必要はない。出麹のときにカリカリになっているところは，せいろへの米の張り込みが悪く，蒸気がかかりすぎてご飯のように炊けてしまった米が麹にならず干し飯（ほしいい）状態になったものである。炊いたご飯のようになった水分過剰の蒸し米には，麹菌が取り付かない。やはりよい麹の原点は蒸しにある。

● 蒸し上がりの見極めは……

　何よりいい蒸しを得るためには，まず蒸し上がりの見極めが重要である。よく聞くのは火をつけてから何分たったら蒸し上がりという，単純な時間だけで判断されている点だ。これでは均一な蒸し上がりの判断をすることはできない。まず，水が沸騰して蒸気が発生する時間もそれぞれに違うし，蒸す米の量はいつも同じとは限らないだろう。また，せいろへの米の入れ方によっても蒸気の抜け方が違う。このように条件がさまざまに違うのに，単純に時間だけで蒸し上がりを判断することはできないのである。蒸し上がりの判断をするのは，まず「蒸気が抜ける」タイミングを見極めることである。蒸気が抜けるとは，せいろのすき間から蒸気が出てくることではなく，上面のせいろの米の「表面のすべて」がそれまでの浸漬米の白色から蒸気が通って半透明またはあめ色に変化した状態を指すのである。その時点からおよそ25分か30分経過後に蒸し上がりとなる。

　ただし，その場合も水切りの具合や米の品質により時間は一定ではないため，蒸しすぎにならないまでに

写真2-1）蒸し機とせいろで蒸す
［吾妻農産加工組合］

一度少量の蒸米を取り出し（その際やけどに注意）「ひねりもち」をつくって芯まで蒸せているかを確認することが必要である。毎回良好な蒸しの状況を確認してから，取り出すことが大切である。「いい蒸しからいい麹ができる」（写真2-1）。

種付け—デジタル温度計は必須

　種付けの温度は人肌で，35℃前後。30℃以下になったら麹の発育速度は極端におちる。40℃を切るくらいから，菌をふりかけて35〜36℃で発酵機に引き込む。このタイミングが狂わないようにすること。必ず温度計を使うように言うのだが，温度計を持っていない場合が多い。経験でわかるといってもそれは無理な話である。できるだけデジタルの温度計で（棒状温度計では年を取るとみえにくい）きちんと測ることが求められる。

麹づくりでの床と棚

　麹の一生は床と棚とに分かれる。床とは，種付け後に麹室に引き込む段階で，いわば「麹のあかちゃん」の時代といえる。このとき必要なことは，環境温度を下げないように，冷えないように整えてやることである。作業としては，この床にある20時間くらいの間に，いかにエネルギーをきちんと蓄えさせるかが課題である。それには麹をとりまく環境を麹に合ったように整えることである。外気温に合わせて発酵機内の温度設定を行なうことが大切である。外気温が低いときは高めに，高いときには低めに設定する。

　製麹工程での棚とは，手入れが必要な段階で，ある程度一人前になってそのまま放置すると品温が上がりすぎるなどしてしまう段階である。麹菌が蒸米に「はぜこんで」広がり発熱して品温も上がりやすい時期だ。自然換気や強制換気に心がけて，生長度合をきちんと麹の温度で管理する必要がある。

切返しは手早く

　床から棚へ移すとき，切返しをする。床もみしたあと次の日に切返しをする。この切返しは何のためにするか。切返しは酸素の補給と麹の温度の均一化にある。室温の低いときに切返しすることになるが，床もみのような感覚で切返しをゆっくりやってしまうことが多い。これが失敗のもと。ゆっくりやろうものなら品温はすぐに30℃以下に下がってしまう。手早く切り返すことが肝心だ。いったん下がった麹の品温を上げることはなかなかむずかしい。麹の品温が30℃以下に下がってしまったら，ヒーターの設定温度を40℃にしても麹の品温はすぐにはもどらない。麹の発酵力が回復しないからだ。麹菌は生きているので所定時間の出麹はむずかしい。この場合は，米としてもう一度蒸気で軽く熱をかけてから，改めて種付けをすればよい。そうすれば米を捨てないで使える。

2回目の切返しは麹に合わせるのが原則

　1回目の切返しは引き込み後20時間，2回目は1回目の切返しから5時間後でいいと解説書などには書いてある。1回目の切返しを午前11時にやれば2回目は午後4時になる計算だ。ただこれは午後5時までに作業を終わりたいという人間の都合であり，せっかく1回目の切返しのあと麹が進みかけているのに，機械的に5時間後ということで2回目の切返しをしてしまうと麹を駄目にする。2回目の切返しは麹の面（つら）をみて行なうことが大切。本来は12時間前後にやるのが，麹のためにはいいのだが，12時間後なら真夜中になるため人間の都合で5時間後に設定しているのだ，と考えている。通常の時間設定なら夜中の11時ころだ。麹の面をみてもう少し時間を遅らせるなど，臨機に対応できるように加工所のメンバーに麹のつくり方の基本を再度徹底すべきだろう。

●製麹機を使っても原理は同じ，品温管理はつくり手に任される

　麹づくりには，麹蓋製麹法，箱製麹法，床（とこ）製麹，機械製麹がある。これらは麹づくりの工程からいうと床から棚へ移す段階での温度管理の仕方の違いといえる。床も棚も同一の場所で行なう機械製麹を除けば，ほかはみな麹室を使うもので，麹蓋製麹法は麹蓋を使って麹の量と厚みを調整することで発酵熱を管理しやすくするものである。箱製麹法は同一の箱の中で，麹の底面積と厚みを縮めたり広げたり，厚くしたり薄くしたりして麹の発酵熱を管理する。床製麹は，床段階では床に広げた蒸米に布などをかけて保温するなどし，棚段階になったら，麹蓋に移して厚みや麹の山の底面積を調整しながら放熱によって麹の品温を管理する方法である。

　機械製麹は，室温センサーと品温センサーで製麹機の中の温度と麹の品温を自動制御するものである。ただ，自動製麹機は麹の育つ環境を整えるだけであって，自動的に麹をつくり出す機械ではないことを肝に銘じたい。

　製麹では，蒸米の量が多くなるにしたがい温度管理もむずかしくなる。小規模な農村加工所では，1回の仕込みが60kgくらいまでなら，総熱量も大きく上がることはないし，熱も比較的下がりやすい。

●麹づくりに必要な加工機器

　図2-1の製造工程に基づいて，麹づくりに必要な加工機器は以下のとおりである。

洗米機（水圧洗米機）

　加工に取り組む人間の高齢化や後継者を迎えることを考えた場合，洗米機は必須の道具といえ

PART② 加工品に応じた機器の選択とレイアウト

写真2-2) AT式水圧気泡吟醸洗米機

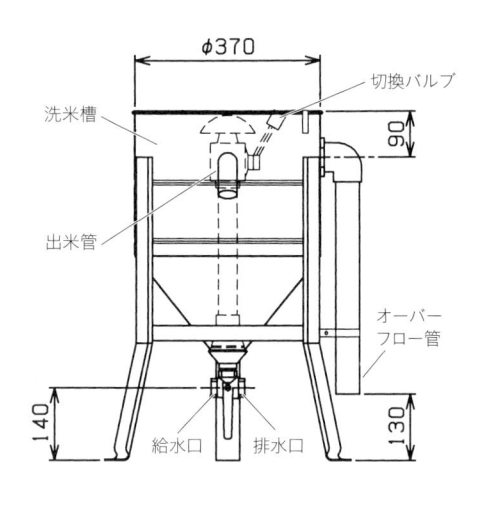

図2-2) 水圧洗米機（マルゼンMRW-15）

る。寒い時期に米を洗うのはたいへんである。しかも米ぬかは完全に取り除かなければよい麹にはならないから、洗米はきっちりやらなければならない。寒中に冷たい水に手をつけて米を洗うことを想像すれば、そうした加工所には後継者はまず現われないと考えてよかろう。洗米作業は、機械に任せても手作業との差はほとんど出ない。こうした工程にこそ機械を使うべきである。

幸い写真2-2にある洗米機は、水圧だけで動く、ごく簡単な仕かけの道具といっていいものである。さらに気泡で細かいぬかも十分に落とせる構造となっている。15kgの米なら2分間で完全にぬかが取り除ける。時間が決まるので作業計画も立てやすくなる。構造は簡単で、水圧をかけられた米が中心部のシリンダーの中で、こすり合わされてぬかが落ちる原理である。電気もなにもいらず、水だけなので故障もほとんどなく、長く使える道具である。洗米機は1斗（15kg）を基準に設計されているが（図2-2）、これで白米5升（7.5kg）を洗うようにする。一般にいえることだが、機器は能力より少なめの量で稼働させるとより十全な力を発揮するものである。

表2-1に水圧洗米機をリストにしてみた。基本構造に大きな違いはない。気泡による洗浄も可能

表2-1) 水圧洗米機の選択（例）

社名	型式	容量kg/回・白米	最適使用量	特長
（株）東洋商会	ATWA-15	15kg	7.5kg	気泡が発生する構造になっており、米をいためず速くきれいに洗える
	ATWA-22	22kg	10kg	
	ATWA-30	30kg	15kg	
（株）マルゼン	MRW-15	15kg	7.5kg	
	MRW-22	22kg	10kg	
	MRW-30	30kg	15kg	
（株）AiHO	PR-15A	15kg	7.5kg	
	PR-30A	30kg	15kg	

[I] 麹(こうじ)

な機種があることぐらいである。1回に洗米する量で選択する。

水切りざる

　先にも述べたとおり，蒸米の水を切るざるの材質は昔ながらの竹で編まれたものを推奨したい。ただ，ステンレスざるを使わざるを得ない場合は，水切りのために静置するだけでなく，一定時間後に手を入れて米をかき混ぜるなど水切りを促進するようにする。

蒸し機

　従来のように，釜の上に穴のあいたせいろ台を載せ，その上にせいろを2つ重ねる方法で蒸すことができる。この際，注意すべきはコンロの火力である。コンロの火力は強力なほど蒸気の圧力が強く，蒸気が速く抜けるため良好な蒸米を得ることができる。米を蒸すには，蒸気量だけではなく，蒸気圧も重要なポイントである。そのためガスコンロは三重式のコンロを勧めたい。

　ステンレス蒸し機を使うと効率よく蒸米作業ができる。これは自動給水式となっているため空炊きの心配もないし，沸き上がりも早く燃費も助かるからである。セロベーター(せいろ昇降機)を使うと蒸し上がった順に下から取り出せるので，なお都合がよい(写真2-3)。

　写真2-4の蒸し機は，レバーの操作で真上の噴出口のほかに側面の穴からも蒸気を送り出して小規模のボイラーとして使用することができる。これを回転式の蒸練り機に連動して使っている加工所もある。

　表2-2に蒸し機をリストにしてみた。蒸気の2方向噴出という機構をもつものがある。蒸気の発生量とガス消費量が選択のポイントになる。

写真2-3)
蒸し機，木製のせいろとセロベーター
[大山田農林業公社]

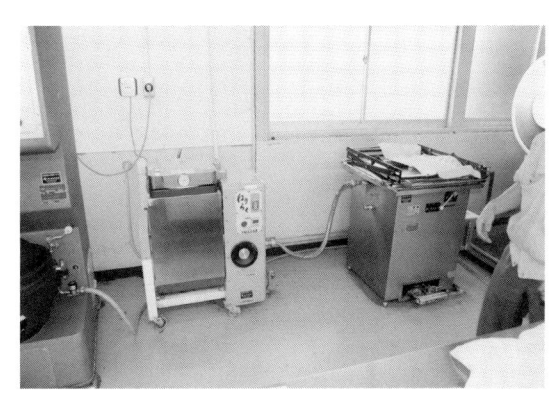

写真2-4) 蒸し機と蒸練り機の連結 [甲賀もち工房]

表2-2) 蒸し機の選択（例）

社名	型式	蒸気発生量	ガス消費量(LPG)	特長
（株）銅豊製作所	D-20D-C	16kg/h	1.31kg/h	
（株）品川工業所	サンキュウボイラー1型 SB-1	20kg/h	1.2kg/h	
	サンキュウボイラー2型 SB-2	30kg/h	2.1kg/h	蒸気の2方向吹き出しで，ボイラーの機能も兼備しているので，ボイラーを熱源とする機器の設置もできる

木製せいろ

せいろはアルミでなく，木製を勧めたい。その理由は，本書冒頭で述べたとおりである。内外の温度差が小さいこと，また木製なので水分を吸収するから蒸米に吸収されることはごくまれである。伝統的な素材の加工機器のすぐれた特性を示している木をせいろに使ってきた意味もここに見出すことができる。

放冷と種付けに必要となる作業台

麹の発育には，蒸米への種付け作業はきわめて重要である。種付け作業は，蒸米に麹菌をふりかけるというのではなく，蒸米の一粒一粒に「傷をつける」要領で力を入れて蒸米をもみ込むことが必要である。たとえていえば，傷からばい菌が入りやすいようなものである。そのためには蒸米を広く拡げて，両面から作業ができる作業台のサイズを選定することが必要である。5升の蒸米を種付けするのに必要な作業台の寸法は，1,800mm×900mmで高さは作業者の高さにもよるが標準は800mmである。

また，限られた作業スペースで比較的大きな面積を占有するため，使用しないときは移動できるようにキャスター付きにすることが望ましい。また床もみ作業に支障をきたさないように，キャスターはストッパー付きにすることが必要である。

種付け用敷布は種もみをしても蒸米が敷布につきにくい材質を選ぶことが必要である。化学繊維は天然繊維より水を吸収しないため，蒸米もつきにくい。敷布は化学繊維で，なおかつ耐熱性にすぐれた素材（ナイロン・パイレンなど）を選定すればよい。ただ，いかなる敷布にも付かない「捌（さば）けのよい蒸米」をつくることが第一であることは，申すまでもないことである。

自動製麹機（発酵機）は自動的に麹をつくる機械ではない

前述したように発酵機はあくまで，麹の育つ環境を整える機械であって，自動的に麹をつくる機械ではない。麹の育つ環境を自動的にコントロールしているだけである。外気の温度変化などのさまざまな環境変化を取り込んで麹をつくる。そこにおもしろさがある。日本人の知恵の結晶であ

写真2-5)
HK-200型自動発酵機
[朝来農産物加工所]

る。たとえば製麹機のヒーターは作業時の周囲の環境温度にかかわりなく同じように40℃に設定されていれば、麹の進み具合は変わってくるものである。にもかかわらず機械が悪いといわれることがある。ヒーターの設定は、そのときの気温や麹を引き込んだときの品温などによって臨機に変えていくべきものである。

40℃で5升の蒸米を入れるときと、40℃で1斗の場合では、その総熱量に大きな違いがある。米1粒の熱量とエネルギーの蓄積量が違う。だから量が少ない場合は総熱量も少ない。冷めやすいことになる。量が少ないときには、厚みをだすことで保温しながら温度管理する。たとえば、麹蓋に半分しか入らない場合は残りの部分は空いているわけだが、このまま発酵機に入れると加温空気は空いているところから抜けてしまい、肝心な麹の中を通っていかないことになる。そこでこのような場合は空いているほうに清潔なじゃま板を置き麹米の中をきちんと加温空気が抜けるようにする。麹の厚みを工夫することで麹の品温を保持し、麹の進み具合を安定化しやすくする。

半量の蒸米でも厚みは同じに

たとえば120kg用の発酵機で60kgの蒸米を使うのであれば、120kg分の厚みを確保する。量が半分だからといって厚みを半分にしない。この厚みを確保するのに清潔なじゃま板を使うのである。底面積を狭くすることで厚みを変えないように高さを確保する。厚みを一定以上に維持することは重要である。厚みがなければ温度を持ち合うことができない。ファンから風がきたときにはすぐに冷えすぎてしまう。少ない麹のときは厚みによる温度調節が必要である。

一方、切返し後(棚の段階)はひたすら広げること。品温は上がりすぎないことが肝心だからである。薄く広げて熱を下げるように努力する。

製麹の違いの1つは、種付けした蒸米の表面積と品温管理の方法の違いによるものである。機械製麹は、蒸米の厚みを維持したまま、底から強制的に空気を送り込んで品温の上昇を抑えるやり方であり、室(むろ)製麹は蒸米の厚みを薄く広げて品温の上昇を抑えるやり方である。

表2-3に自動製麹機をリストにしてみた。白米取込み量と出麹のパターン(毎日か2日ごとか)が選択のポイントになる。

表2-3) 自動製麹機の選択(例)

社名	型式	白米取込み量/回	培養槽材質	特長
ヤヱガキF&S(株)	ミニ15型	15kg	ポリエチレン樹脂	
	HK- 30型	30kg	断熱式アルミサンドイッチパネル	
	HK- 60型	60kg	断熱式アルミサンドイッチパネル	
	HK-120型	120kg	断熱式アルミサンドイッチパネル	
	HK-200型	200kg	断熱式アルミサンドイッチパネル	
	HK-300型	300kg	断熱式アルミサンドイッチパネル	
(株)東洋商会	HKW-60T型	60kg+60kg	断熱式アルミサンドイッチパネル	床室と棚室別制御。毎日出麹型

●麹を使った加工品 ── 甘酒・酒まんじゅう・塩麹・麹スイーツ・麹漬け

　麹を使った加工品には，甘酒や酒まんじゅう，麹漬けなど昔からよく知られた加工食品がある。夏の健康飲料として甘酒が注目されたが，このところの人気は塩麹である。さらに麹スイーツを手がける動きもある。塩麹は，昔からある麹の発酵をとめた「塩切り麹」とはやや趣が違う。塩麹は，従来の調味料としての塩に，旨味の成分を付加できる塩調味料といえるものだ。麹の分解力，酵素の力を活かした新しい調味料といえる。塩のもつ「角のあるからさ」を緩和し，丸くしつつ，麹の酵素の力でタンパク質から旨味を引き出す効果がある。ピザなども塩麹を使うと確かに味が違うようである。伝統的な発酵食品のベースをつくる麹の今後の可能性には大きな期待を寄せている。ここでは，塩麹そのものは扱わないが，農村加工でも取り組めるものとして甘酒と酒まんじゅうを簡単に触れておく。

甘酒

●甘酒の製造工程

　甘酒の製造工程を図2-3に示す。甘酒づくりには，炊いたご飯に麹をつける方法とかゆに麹を混ぜる2つの方法がある。1つは，炊いたご飯に麹を混合して55〜60℃くらいで8〜10時間糖化する硬づくりと呼ばれる方法であり，もう1つのやり方は軟づくりといわれるもので，通常の炊飯よりも2.5倍くらいの多めの水で炊くことでかゆをつくり65℃くらいまで冷ましてから，麹を混ぜて55〜60℃くらいの温度で12時間くらい保温する方法である。炊いたご飯とその温度を使い，麹だけでつくる硬仕込みは甘さも強い。

　甘酒は年末に向けて需要が高まる傾向があるようだ。需要に応えていくには充填機の選択もポイントになる。甘酒の充填設備は，飲料用の設備と同じで，充填機，加熱機は必要となる。びんでなくても充填設備は必要になる。写真2-6は袋詰めの製品である。このほかにもスタンドパックな

[Ⅰ] 麹（こうじ）

図2-3) 甘酒の製造工程［「食品加工総覧」第7巻より］

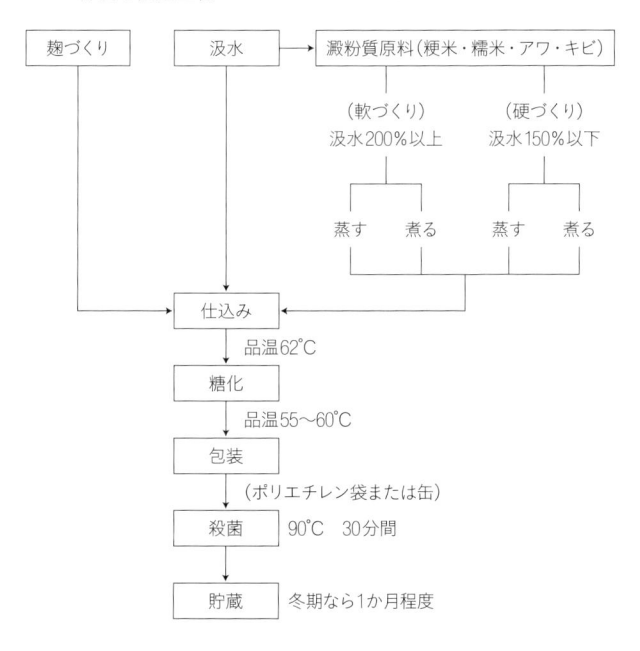

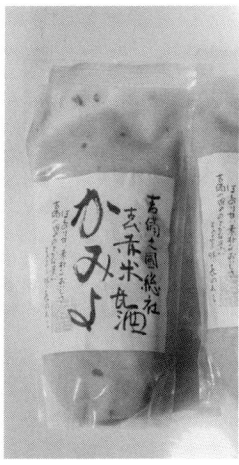

```
麹づくり    汲水 → 澱粉質原料（粳米・糯米・アワ・キビ）
                  ┌──────┴──────┐
                 （軟づくり）    （硬づくり）
                 汲水200％以上   汲水150％以下
                  ┌──┴──┐      ┌──┴──┐
                 蒸す  煮る    蒸す  煮る
  │               │    │      │    │
  └───────────→ 仕込み ←──────────┘
                  ↓ 品温62℃
                 糖化
                  ↓ 品温55～60℃
                 包装
                  ↓ （ポリエチレン袋または缶）
                 殺菌  90℃ 30分間
                  ↓
                 貯蔵  冬期なら1か月程度
```

(左)**写真2-6)**
袋入りの甘酒
［糀屋吉右衛門商店］

(右)**写真2-7)**
スタンドパック入り赤米の甘酒
［秋山糀店］

どもある（写真2-7）が，付加価値からいえばびんがいい。スタンドパックの場合は，連続充填で大量生産するなら別だが，小さい加工所なら，スタンドパックに充填してからシール機を使えばよい。

● 甘酒の製造に必要な充填機

甘酒はどろどろしている液体である。充填機の選択にあたっても，この甘酒の粘性に応じて手動式，半自動式，自動式のなかから選ぶようにする。また，保健衛生上からは，洗浄しやすいものを選ぶことも重要なポイントである。簡易充填機びん太TPK-2000はその一例である。びん太TPK-2000は，自吸式で甘酒のような粘性の高い液でも充填ができる。チューブとノズルの取外しが簡単なので，洗浄もしやすい。

酒まんじゅう

酒まんじゅうの製造工程を図2-4に示す。

仕込みは普通に炊いた米1kgを冷やし、麹450g、水1,500gを合わせてよく撹拌して14℃で4～5日間発酵させる。これでいわゆる「もろみ」ができあがる。これをざるまたは篩で、できるだけ裏ごししないように、しかもかすが入らないように注意してしぼる。かすは酒まんが重くいわゆる「浮き」が悪くなる。

まんじゅう製造は以下の手順で進める。1)もろみをしぼったものに薄力粉を入れ、パン生地くらいに混ぜるが、捏ねる必要はない。冷蔵庫のような冷たいところで1時間発酵させる。パンと違い、暖かいところにはけっして置かない。2)生地が軟らかくなっているので、粉を多少加えて捏ねる。すぐ分割し、包あんする。3)ホイロは、30～32℃で蒸気を立てながら約1時間発酵させる。酒精が出れば出るほど蒸気が必要である。4)蒸す前に日光またはオーブンで表面を軽く乾燥させ、霧吹き器で霧を吹き強火で蒸す(「食品加工総覧」第7巻より)。

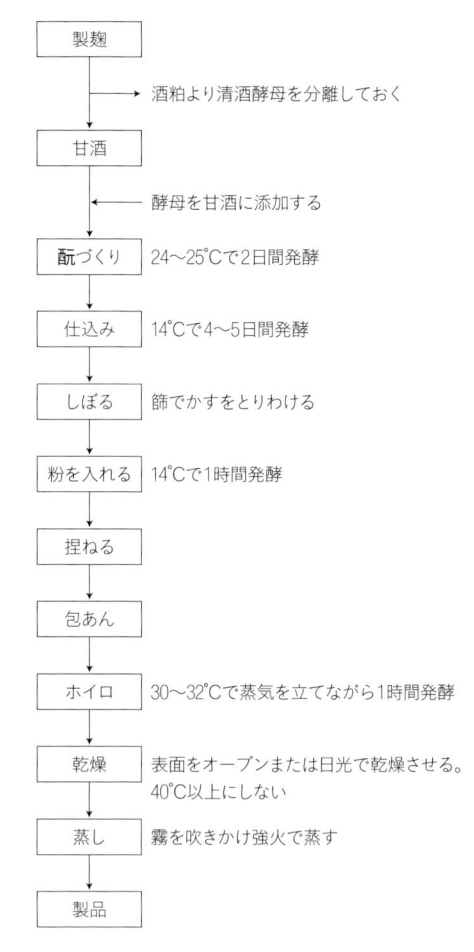

製麹	酒粕より清酒酵母を分離しておく
甘酒	酵母を甘酒に添加する
酛づくり	24～25℃で2日間発酵
仕込み	14℃で4～5日間発酵
しぼる	篩でかすをとりわける
粉を入れる	14℃で1時間発酵
捏ねる	
包あん	
ホイロ	30～32℃で蒸気を立てながら1時間発酵
乾燥	表面をオーブンまたは日光で乾燥させる。40℃以上にしない
蒸し	霧を吹きかけ強火で蒸す
製品	

図2-4) 酒まんじゅうの製造工程

●麹製造場のレイアウト

麹だけを加工して販売している農村加工所というのはまずあるまいと思う。必ず味噌や甘酒などを同時に加工してこれが経営のベースになっている。そこで、レイアウトについては味噌など麹を使った加工品のそれぞれの項目を参照いただきたい。

「味噌王国」岐阜

　豆麹のことは岐阜で知った。当初発酵機が岐阜では売れなかった。岐阜県内では地域によって伝統的に大豆，麦，米3つを使って麹をつくってきた。当方が豆で麹をつくるということを知らなかったのである。麹の原料が違うのだから発酵機の使い方も違わねばならなかったのだが，そこが目にはいっていなかった。1980～1981（昭和55～56）年ころのことで，当時は岐阜でも「以前は豆に糀（麹菌）をつけていた」「味噌の味があまい」などの証言もあり，岐阜県の伝統の味噌は，米麹による味噌とは明らかに違ったものだったのだが，当時の県の指導は米の消費拡大の一環として伝統の味噌の麹を，米に変えることに重点をおいていたように思える。伝統食としての味噌の意味合いが認識されてからは，この地域で昔から食べられていた味噌づくりをしようという方向に指導内容を変える動きもでてきて，本来伝えられていた豆麹や麦麹が再び広がることになった。

　ちなみに愛知県岡崎，三河の八丁味噌は豆麹である。岐阜県内では，ごく大雑把に言えば西濃から中濃にかけての地域が豆麹。東濃は豆麹と米麹と麦麹が地域ごとの割合でミックスされて使われている。1割だけ米麹を入れて甘味をつけるという使い方もされている。飛騨は宮峠が分水嶺で峠から美濃側は麦麹，峠を越えると米麹が主になるように思われる。とりわけ，江戸時代からの都市である高山は城下町の影響もあり米麹が多い。岐阜は東西南北に境を接する信州，東海，北陸，関西の食文化の影響を受けて地域ごとに伝統的な味噌の種類がきわめて多く，全国的にみてもまさに「味噌王国」といえる。

　地域ごとに多様な味噌があることがわかってからは，味噌づくりのプランニングをさせていただく場合は，それぞれの地域ごとに「これまでどんな味噌を食べていたか」をよくよく聞いてその土地の伝統的な味噌づくりに近づける味噌指導に心がけている。ちょうど昭和60年代は共同室（むろ）での味噌づくりが，建造物としての「室（むろ）」と「室を使っての味噌づくり」の両面が壊れかけていたころであった。その折に自動発酵機が導入されたことにより，建造物としての「室」は壊れてしまったが，「地域での味噌づくり」は壊されることなく現在に至るまで維持されることになった。

[Ⅱ] 味　噌

●「自分の米でつくった麹で味噌を仕込みたい」
という声に応えた多段式発酵機

味噌づくりの工程

　まず，味噌の製造工程を図2-5に示す。味噌加工でも第一のポイントは蒸しにある。味噌の生産量を決めるものは麹の量である。味噌づくりの期間を寒い時期の3～4か月とすれば，稼働日はせいぜい100日前後となる。

　農村地域における味噌加工所の多くは，共同利用を前提にした機器選択が行なわれている。この場合，原料が他のメンバーのそれと混合されたものになること，また，作業の自由性に乏しいことなどの問題がある。ここでは，滋賀県の共同加工所を例にとりながら，筆者もその開発にかかわった，多段式発酵機による小規模な麹づくりの方法を紹介してみたい。

味噌づくりの課題
― 多段式発酵機開発の背景

　各地で手前味噌を仕込む動きは広がっている。かつては手前味噌が当然だったが，高度成長の時代に出来合いの味噌を買う流れが進んだ。ところがここにきて，安全・安心で原料が確認できるため，加

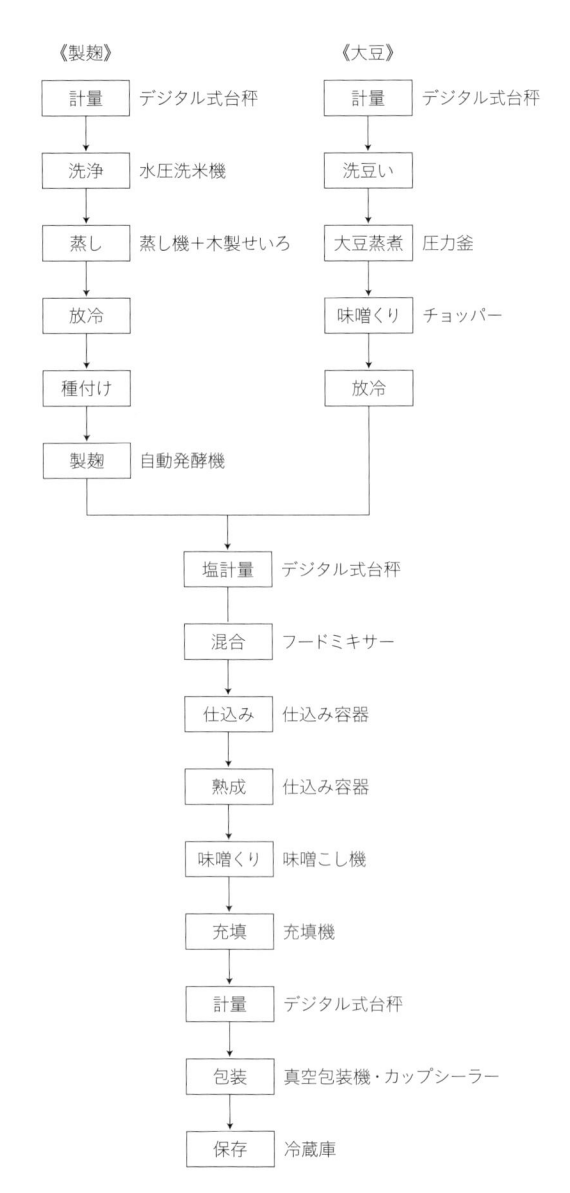

図2-5）味噌の製造工程と必要な加工機器

《製麹》
- 計量 — デジタル式台秤
- 洗浄 — 水圧洗米機
- 蒸し — 蒸し機＋木製せいろ
- 放冷
- 種付け
- 製麹 — 自動発酵機

《大豆》
- 計量 — デジタル式台秤
- 洗豆
- 大豆蒸煮 — 圧力釜
- 味噌くり — チョッパー
- 放冷

- 塩計量 — デジタル式台秤
- 混合 — フードミキサー
- 仕込み — 仕込み容器
- 熟成 — 仕込み容器
- 味噌くり — 味噌こし機
- 充填 — 充填機
- 計量 — デジタル式台秤
- 包装 — 真空包装機・カップシーラー
- 保存 — 冷蔵庫

工グループやJAの加工所へ自分の米，自分の豆を預けて味噌に仕込んでもらうという人が増えている。加工賃を支払ってでも，自家産の大豆，米で仕込んだ味噌を使いたいという要望が多くなった。

　手づくりブームのなか，味噌づくりに取り組む若い世代も増えつつあり，JAの手づくり味噌の販売も盛況で，ある意味ではJAの営農活動の原点とでもいうべきものとして見直されている。

　麹づくりで原料米10kgの単位であれば作業量として考えた場合，加工所の女性の負担も少なくなる。もちろんヤヱガキ式のミニ15のような小型自動発酵機を複数台使うなどの方法で取り組むなら，各自の産米で麹を仕込むことも可能であるが，この場合は場所と手間のかかり方で効率が悪くなる。1回の仕込み量が麹で200～300kgになると掘り出す作業はかなりきつい作業となる。

　作業の肉体的な負担を軽減することと仕込み作業の水準を上げ全体で技術を共有できる条件づくりが求められているといえる。

味噌仕込み単位量の検討

　滋賀県の場合，米に自信をもつ農家が多く，味噌麹も自家産の米を使う。4人家族を基本の単位として考えると，1年分の味噌の原料は，およそ米5升，大豆5升で足りる。そこで麹づくりの原料米も，5升単位で仕込むことを考えた。つくる側にとっても，1俵単位などの機器では，原料米を持ち込む人何人分かの米をいっしょに混ぜて使うしかない。自分の米がいちばんだとみんな思っているので，他人の米と混ぜたくないのは人情だ。

　そこで考えたのが，麹箱を5升単位にした多段式の発酵機である。一度に1俵分を仕込むことができるのだが，麹箱が5升単位なので，他の人の米と混ぜずにすむ。自家生産した米5升を持ち込んで，麹に加工し，工程の最後まで確認しながら自分の米だけを加工することができる。共同の加工施設で「手前味噌」と「販売用の味噌」の両方をいっしょにつくることができるので，委託加工にも都合がよい。そのうえ加工を行なうのは女性が多いので，5升単位なら重量の面からも扱いやすい。

　ちなみに，これまでは米や大豆の分量はかさ（容量）で換算されてきたが，現在は重量換算で行なうようになった。重量換算することで正確な塩分量が計算できる。

加工所のメンバーが麹づくりの全工程を共有できる

　従来の自動製麹機では，毎日出麹ということはありえない。その日入れたら出麹までは42～45時間かかるから，翌々日まで待たないと出麹にならないからだ。加工グループのなかでの麹づくり技術の平準化を図るには，これまでの発酵機では時間がかかることになる。出役の日が制約される場合は同じ作業しかめぐってこないために，全体の製麹工程をなかなか体験できないことになる。

　こうした課題を現場で解決する加工機器として，開発されたのが多段式発酵装置である。

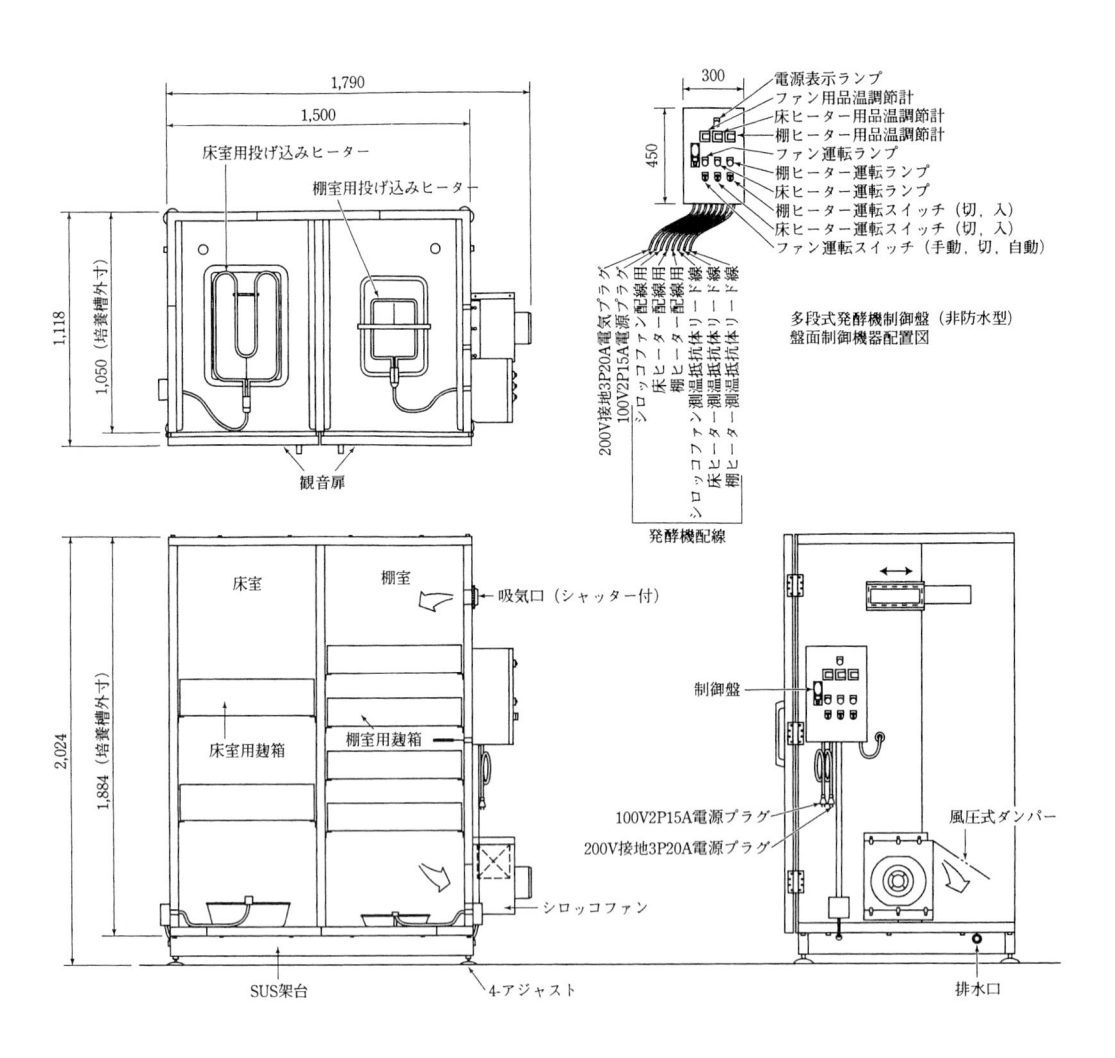

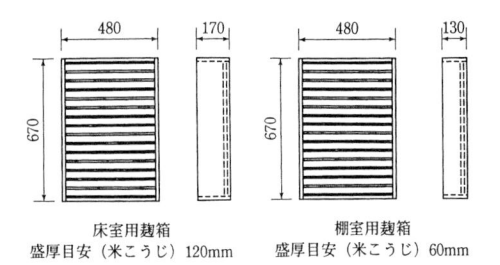

PART② 加工品に応じた機器の選択とレイアウト

仕　様	
原料取込量（kg）	60
寸法（mm）	1,790W×1,118D×2,024H
培養室寸法（mm）	1,500W×1,050D×1,884H
本体重量（kg）	130
培養槽材料	断熱式塩ビ鋼板サンドイッチパネル
電力 （各同時稼働有り）	シロッコファン　200V0.3kW
	床室用投げ込みヒーター　200V1.5kW
	棚室用投げ込みヒーター　100V130W
常備機器	制御盤（品温・加温自動管理） 温度感知は測温抵抗体
	バット（ヒーター用）床・棚室各1個
	床室用麹箱4個：棚室用麹箱8個（内地産杉材）
	架台SUS（4個アジャスト付）

図2-6）多段式発酵機（HKW-60型）

トーヨー式多段式発酵機の仕組み

　5升単位の麹づくりを支えるのが，図2-6に示す多段式発酵機である。この発酵機の特徴は2つある。1つは，先に述べたように，加工単位量を5升として設計されているということ，もう1つは，床室と棚室の2室別制御になっているということである。棚室の8つの5升入り麹箱は，6つを自家用，2つを販売用とすることもできるし，その逆も可能であり，用途に応じて使い分けができる。また，通常は2日ごとに出麹となるが，多段式発酵機は床室と棚室があり2室別制御になっているため，毎日出麹となる（表2-4）。

　洗米，浸漬，水切り後に米を蒸し，種付けし，床室に取り込む。この米は翌日手入れして棚室に移される。そして，この前日に棚室に移されていたものは出麹となる。通常の発酵機の場合，水洗いから出麹までの一連の作業が終わらなければ，次の加工にはとりかかれない。共同加工所の場合，これでは，3日間通しで出役しないと全工程を体験することができないことになる（洗米からすると4日間）。床室と棚室を別制御にすることで，毎日，全工程の作業を行なうことが可能になり，技術習得の機会が増える。そして，作業パターンを均一化し，技術の向上を図ることができるのである。さらに，出役も1日ですみ，利用者の増加にもつながる。

　しかも前述したように，自分の米でつくられた麹を使うことが可能だ。たとえば木曜日に出役して自分の麹を仕込みたいと考えたら，原料米は月曜日に運べばよい。月曜日は米を水洗いして

表2-4) 作業パターン（毎日出麹・毎日仕込みの味噌づくり）

日	サイクル	午前		午後						備考
前日	i							洗米	浸漬	米持込み
1日目	i		水切り	蒸し	種付け	取込み				
	ii							洗米	浸漬	米持込み
2日目	i		切返し		切返し					
	ii		水切り	蒸し	種付け	取込み	豆洗い	豆浸漬		豆持込み
	iii							洗米	浸漬	米持込み
3日目	i	出麹	大豆煮	ミンチ	仕込み	持帰り				
	ii		切返し		切返し	豆洗い				
	iii		水切り	蒸し	種付け	取込み	豆浸漬		豆持込み	
	iv							洗米	浸漬	米持込み
4日目	ii	出麹	大豆煮	ミンチ	仕込み	持帰り				
	iii		切返し		切返し	豆洗い				
	iv		水切り	蒸し	種付け	取込み	豆浸漬		豆持込み	
	v							洗米	浸漬	米持込み
5日目	iii	出麹	大豆煮	ミンチ	仕込み	持帰り				
	iv		切返し		切返し	豆洗い				
	v		水切り	蒸し	種付け	取込み	豆浸漬		豆持込み	
	vi							洗米	浸漬	米持込み

※3日目以降は同じ作業の繰り返しとなる

1日水切りをし，火曜日に仕込み，水曜日に手入れ，当人が出役する木曜日には出麹となる計算である。また，多段式発酵機であれば，箱1つが5升単位になるから作業もしやすい。

品温制御を実現

多段式発酵機では，米5升(7.5kg)が1つの袋に入るようになっている。床室には麹箱が4箱収容される。床の期間は保温が重要であるため，1つの麹箱に5升入りの麹袋を2袋ずつ入れて，麹の品温の保持に努める構造になっている。棚室には麹箱が8箱収容できる(写真2-8)。棚の期間は適度な放熱が必要なため，1つの麹箱に5升入りの麹袋を1袋ずつ広げて入れて温度管理がしやすい構造になっている。1回に仕込める麹量は60kg，つまり1俵分となる。

米麹と大豆の割合は地域により違いはあるが，いまかりに，かつていわれたようにかさで元石(もとこく)が米1斗対大豆1斗とすれば，重量では米15kg対大豆13kgとなる。1俵を4斗とすれば米60kg，大豆52kgとなる。米は麹にすると約1割増え，大豆も浸漬後は約2倍に増えるので，米麹約66kg，豆約104kgとなり，合計して170kg。これで12%の塩分の味噌をつくるとすれば，塩は20kgとなり，仕込み量としては約200kgとなる。

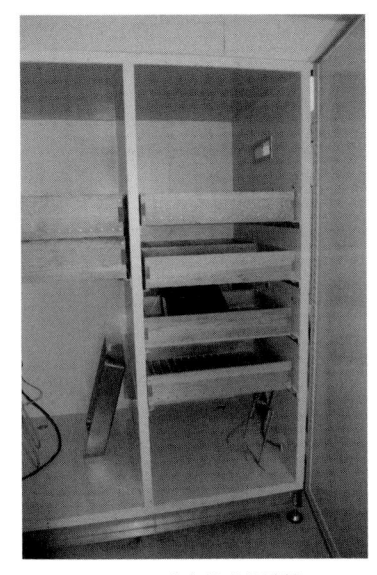

写真2-8) トーヨー式多段式発酵機
[大山田農林業公社]

ちなみに，この多段式発酵機を導入する以前は育苗器を使っていたが，育苗器では室温コントロールのみで，品温制御ができない。そのため外気温の変動により，麹の育成具合が異なり，とりわけ春先などは雑菌が繁殖しやすいこともあって，失敗することも多かった。また衛生上の観点からも，育苗器とは別のものを使うように保健所から求められていた。こういう背景があり，多段式発酵機の開発に取り組んだのである。なお，一部の東海地区のように豆麹を使う地域では発熱量が違うこともあり，多段式発酵機はあまり普及していない。

毎日出麹で作業技術の向上へ

多段式発酵機を利用すれば，2室別制御で毎日出麹のため作業パターンが均一化できる。毎日出麹となるため，従来の3日間の工程を1日で行なうことができ，味噌加工の出役を1日ですますことができるので効率的である。また5升単位なので共同作業であっても，自分でつくった麹で味噌が仕込めるし，自家用と販売用を区別して同時製造することもできる。さらに5升単位での作業は女性でも作業しやすい利点がある。仕様は図2-6のとおりである。

●味噌づくりに必要な加工機器

図2-5の製造工程に基づいて,多段式発酵機を使い,白米で毎日60kgの出麹,味噌仕込みに必要な加工機器は以下のとおりである。

洗米機

機器の説明については麹の項(27ページ),機種については表2-1を参照ください。

蒸し機

写真2-9)圧力釜[大山田農林業公社]

機器の説明については麹の項(29ページ),機種については表2-2を参照ください。

5升単位で味噌仕込みを行なうため,蒸し機も5升単位で蒸せる機器を選びたい。2.5升単位のせいろを使うと2せいろで5升となり,床もみから麹づくりの作業がやりやすい。材質は前述のように木製がベストである。

発酵機

一般的には自動発酵機は床と棚を,発酵室内の麹の品温を品温センサーで,発酵槽内の室温をヒーターセンサーで自動管理するものである。自動発酵機は大きく分けて,床と棚を同じ部屋で行なうタイプと床と棚を別々のところで行なうタイプとの2つに分けられる。前者にはたとえばヤヱガキ式のミニ15,HK-60,HK-200,HK-300などがある。後者の例は先に紹介している多段式発酵機である。多段式のほうが米は分けられるし,1回5升ずつで作業性もよいことは先述したとおりである。年間の仕込み量や1回にどれだけ仕込むかによって機種を選ぶ必要がある。機種については麹の項の表2-3を参照ください。

圧力釜

写真2-9にある圧力釜では0.5〜0.6kg/cm^{2}の圧力がかかる。これで蒸煮時間は通常の釜(無圧釜)の半分になる。ただ便利なものは危険も伴う。ゲージの目盛りが故障していたり,安全弁の設定を間違えると爆発事故を起こすこともある。この釜1つで1回に大豆5升を蒸煮できるので,これで4人家族1年分の味噌が仕込める計算である。余談だが京都の白味噌はこの大豆蒸煮を繰り返し,その間煮汁は捨てて水を交換している。それで大豆の色を抜き,味噌を白く発酵させるのである。

ミンチ機

　味噌を扱う機器の場合は塩分によってさびやすいので注意が必要である。大豆をすり潰すには通常では写真2-10, 2-11のような味噌こし機(ミンチ)が必要とされる。味噌こし機の材質にはステンレス製と青銅の一種である砲金製のものとがあるが、使用頻度の少ない農村加工の場合は、さびないようにステンレス製であることが望ましい。味噌こし機もミンチ機も、構造が簡単で、解体して掃除できるようになっている。

　昔の味噌は味噌汁に入れるときに味噌こし器を使って麹の粒の残ったものをすり潰したものだが、最近は家庭で味噌こし器のような道具を使う人も少ないため、勢い味噌は麹の粒のない、完全にすり潰された形状の商品が一般的になった。味噌こし機や大型のステンレスミンチ機であれば、麹と合わせる前に大豆を4.8mm前後の網目にかけてすり潰す作業のほかに、出荷前の熟成した味噌を1.1mm前後の網目にかけることができ、1台2役の機能がある。こうして麹の粒の残らない味噌にできる。

表2-5)ミンチ機の選択(例)

社名	型式	能力(電気容量)	備考
(株)なんつね	MS-12	単相100V 300W	熟成後のプレート穴小での味噌こしは不可
	MD-22	3相200V 500W	熟成後のプレート穴小での味噌こしは困難
	MD-22K	3相200V 750W	熟成後のプレート穴小での味噌こしは困難
	M-22A	3相200V 1.5kW	熟成後の味噌こしは可能
(株)東京菊池商会	6SUSM-3	3相200V 2.2kW	熟成後の味噌こしは可能
	6SUSM-5	3相200V 3.7kW	熟成後の味噌こしは可能
(有)あさひ号	M-6-2	3相200V 1.5kW	熟成後の味噌こしは可能
	M-6-3	3相200V 2.2kW	熟成後の味噌こしは可能

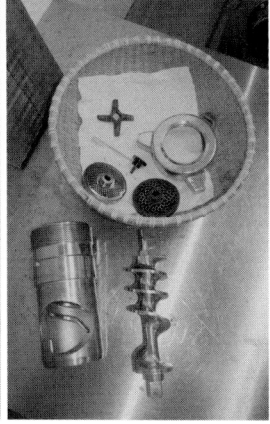

写真2-10)ミンチ機M-22A(外観と部品)[大山田農林業公社]

写真2-11)味噌こし機M6-3

表2-5にミンチ機をリストしてみた。味噌こし機を兼ねることが可能かどうかの違いがある。能力はおおむね電気容量に比例するため、電気容量が選択のポイントである。

フードミキサー

米5升、大豆5升で塩分12%の味噌なら約25kgほどの仕込み量になる。内容は、約13kgの煮大豆と約8.5kgの麹、約3kgの塩と少量の種水である。これらを手で混ぜ合わせる作業はなかなかきつい。しかも蒸煮後にミンチ機で潰した大豆は、ベチャベチャになっているからなおさらだ。麹と塩を先に混ぜておくにしても、この混合作業は写真2-12のようなフードミキサーを使うと便利である。フードミキサーなら均一に混ぜることができるし、混合が終わればハンドルを操作することで、仕込み味噌のもとを簡単に取り出すこともできる。この作業も機械が威力を発揮する場面である。

表2-6に混合機をリストにしてみた。1回に処理できる量がポイントになる。作業者の巻き込まれ事故を防ぐ安全装置の付いたもの、材質にはステンレス製、FRP製のものがある。

写真2-12)フードミキサーFM-30
[大山田農林業公社]

写真2-13)
混合攪拌機TN-6

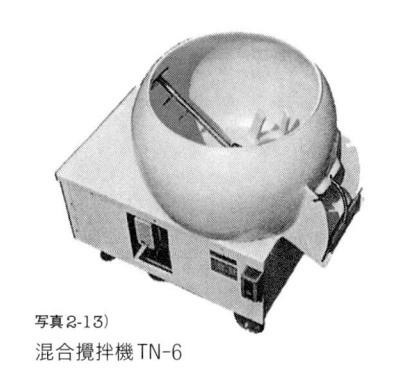

表2-6)混合機(フードミキサー)の選択(例)

社名	型式	能力	特長
中井機械工業(株)	フードミキサー FM-30	25〜30kg/回・味噌	接液部SUS(ステンレス)。安全装置付き
東洋テクノ(株)	混合攪拌機 TN-6	60kg/回・味噌	FRP製

充填機

容器に充填する方法には2通りある。自動的に定量に詰めるものと、定量でなく詰めるものとである。ミンチ機のところでも述べたように、味噌にかかわる機器はさびやすい。とくに農村加工所の場合は味噌をつくる期間も冬期のみで、しかも不定期になることが多い。使わずにおく期間が長い。したがって充填機の場合も簡単に分解できて掃除がしやすいものがよい。とりわけステンレスでない部分は、きちんと使用後に掃除する必要がある。自動充填機は便利なようだが、充填

表2-7) 味噌充填機の選択（例）

社名	型式	能力	特長
東洋テクノ（株）	TC-3	200〜300袋/h	材質はプラスチックおよびSUS製で腐食がなく清潔。構造が簡単で，分解洗浄が容易で故障がない。非計量だが足でペダルを踏むだけで自由な量の袋詰めができる
（有）あさひ号	DP576型	600〜900袋/h	50〜576ccの範囲で計量できる。分解洗浄容易

部分が複雑で分解掃除が厄介なものもある。自動充填機を選択する場合には，分解掃除が簡単で使い勝手のよいものを選ぶ必要がある（写真2-14）。

表2-7に味噌充填機をリストしてみた。分解洗浄できるかどうかが選択のポイントである。味噌が残るとさびの原因となる。

包装機

味噌の容器を袋にするか，カップにするかによって包装機のタイプは決まる。袋とカップでは封印する機械であるシーラーの形式が変わることになる。最近はカップが多い。使うときに味噌を取り出しやすいのが消費者にうけている理由だろう。カップは，各種あるので，用途に合わせて選定する必要がある。

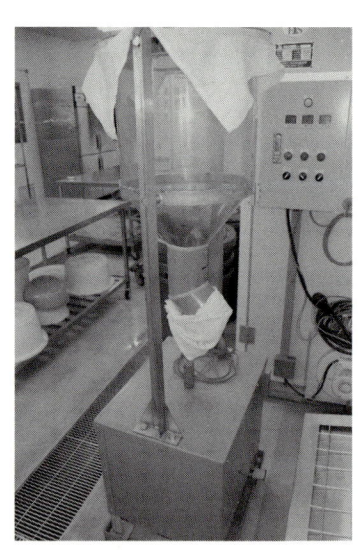

写真2-14) 味噌充填機TC-3
[JA草津あおばな館]

味噌の袋詰めでは一度失敗したことがある。真空包装用のビニール袋と指定すればよかったのだが，安い通常のビニール袋で真空包装してしまった。味噌を充填した当座はよかったが，1日したら袋がパンパンに張ってしまった。味噌は菌が生きているから中で発酵したのかと思ったがそうではない。確かに真空包装はしたのだが，ビニール袋が空気を通す材質だったために，気圧の関係で外部の空気が気圧の低い袋の中に入ってしまったのだということがわかった。プラスチック製品の「材質」ということに，このとき初めて気付かされた。ビニールといえば空気を通さないと素人目に考えていたのだが，そうではなかった。きちんと真空包装用の多層構造の袋を指定して使うべきだったのである。プラスチックの材質について，いちいち細かな知識をもつ必要はないかもしれないが，空気を通すか通さないかといったことくらいは知っておいて損はない。発注するときに，味噌用カップとか真空包装用の袋とかの指定をきちんとすればほとんど問題ない。

●発酵ガスを逃がす包装材も

味噌は麹を生かして使いたい。充填したあとの発酵を止めるために加熱殺菌して菌を殺してしまう方法もあるが味が落ちる。やはり農村加工では麹の生きている味噌を提供したいものである。

ただし密封包装すると，麹が生きているため発酵して袋がパンパンになる。販売に必要な量だけを包装し，低温で貯蔵することが必要である。最近は発酵ガスを逃がすタイプの包装材も開発・利用されている。

表2-8に包装機（カップシーラー）をリストしてみた。手動式，半自動式，足踏み式がある。時間当たりの処理能力が選択のポイントである。

表2-8）味噌用カップシーラーの選択（例）

社名	型式	能力	特長
（株）東光機械	（手動式）TK-2型	約200～300個/h	
	（半自動式）TK-100AS型	約400～600個/h	半自動エアー駆動タイプのため，だれがやっても均一なシールができる
エーシンパック工業（株）	（手動式）EPK-ハンドシーラーNO	約200～250個/h	
	（半自動式）EPK-半自動OS	約300～400個/h	半自動エアー駆動タイプのため，だれがやっても均一なシールができる
志賀包装機（株）	（足踏式）300S	約200～300個/h	
	（半自動二連式）DC-500	約400～500個/h	半自動エアー駆動タイプのため，だれがやっても均一なシールができる。二連式のためシールと取出しが交互にできて効率的な作業ができる

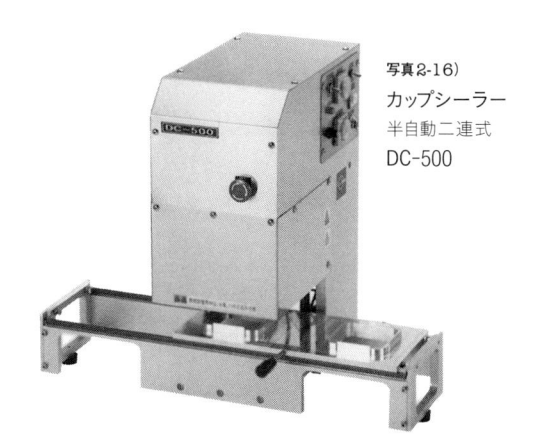

写真2-15）卓上式パック包装機TK-2型

写真2-16）カップシーラー 半自動二連式 DC-500

● 真空包装機

真空包装機は食品の包装機として不可欠で，各社より各種の真空包装機が販売されている。これらの多様な真空包装機のなかから限られた予算でどのようにして適切な機種を選定するかは非常に重要である。

選定のポイントの1つは能力である。能力を決定するのは1回に真空室内に並べられる袋の個

表2-9) 真空包装機の選択（例）

社名	型式	シール有効寸法	基本ポンプ容量	特長
東静電気(株)	卓上型標準型 V-380G	310mm	167L/m, 単相100V 0.55kW	デジタル操作パネルでプログラム認定可能。ガス充填対応型
	卓上型傾斜型 V-307GII	300mm	167L/m, 単相100V 0.55kW	デジタル操作パネルでプログラム認定可能。ガス充填対応型。上下ヒーター付き
	据置型 V-955	900mm	1,050L/m, 3相200V 2.2kW	デジタル操作パネルでプログラム認定可能。
吉川工業(株)シンダイゴ	卓上型 VMS-153V	410mm	350L/m, 3相200V 1.6kW	デジタル操作パネルでプログラム認定可能。ガス充填対応型
	据置型 N-32	920mm	1,260L/m, 3相200V 3.0kW	真空室傾斜可能。吸気フィルター式
(株)古川製作所	卓上型 TM-HG	440mm	420L/m, 単相100V 0.9kW	デジタル操作パネルでプログラム認定可能。ガス充填対応型
	据置型 FVS-7-400	890mm	1,260L/m, 3相200V 2.2kW	デジタル操作パネルでプログラム認定可能。真空室傾斜可能

写真2-17)
真空包装機V-380G

写真2-18)
真空包装機N-32

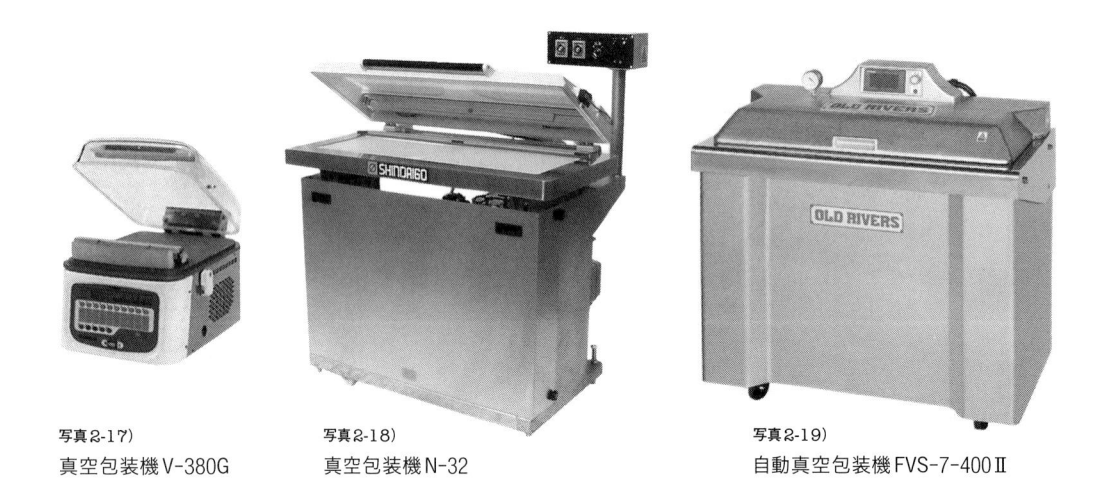

写真2-19)
自動真空包装機FVS-7-400Ⅱ

数と1回当たりの真空からシールまでの所要時間である。真空室内に並べられる袋の個数は、真空室内のヒーターの長さで決まり、1回当たりの所要時間は真空ポンプの容量で決定される。

　次に真空包装機の機種を選定する際のポイントは、袋の形状によるシールの能力である。通常の真空包装機用のヒーター線は、シール部の下部のみであるため、筒状の袋の場合はシールが可能であるが、味噌の袋などで「マチ」があり両端の折り込み部分が4重になっている袋の場合はシールがむずかしい。この場合はシール部のヒーターが上下にあり、サンドイッチ式にシールできるタイプを選定することが必要である。

　さらに、真空度やシール時間などを登録できる機種もあり、この場合袋の材質や真空度が変

わっても，あらかじめ登録されたタイプを選定すれば，だれでも同じ真空包装ができるからたいへん便利である。また，ガス充填対応型もある。これらの機能を念頭に真空包装したい食材によりいくつかの機種にしぼり込まれたら，後は予算と据付け場所や電源などの1次側の要素を考慮して機種を決定する。

表2-9に真空包装機をリストしてみた。シール有効寸法と基本ポンプ容量が選択のポイントである。

手動式リフトまたはサントカー

味噌は樽に入れて熟成させることになるが，熟成室が狭いところでは味噌樽を積み上げることになる。3段に積むのは危険も増すので，せいぜい2段積みであろう。ただ2段でも積み上げる作業はきついものになる。そこで威力を発揮するのが，手動式リフトであり，サントカーである。ハンドリフト（写真2-20）は電動式と油圧式がある。

2段積み程度ならばサントカーがお勧めである。これは写真2-21のような仕掛けであり，そもそも味噌を載せるパレットを必要としないものである。キャスターがついて床から20cmほど高くなっているので，その分上げる作業がある。もちろん低床型もあるが，キャスターが20cm以下と小さくなるので，グレーチング排水溝を配した床の場合は，どうしても排水溝の覆いのすき間の中にキャスターが落ち込んでしまうので具合が悪い。1段味噌樽を積んで，その上に1枚板をわたし，さらに2段目を積むだけなら，このサントカーで十分間に合う。サントカーは一般の運搬車としても活用できるのでハンドリフトより汎用性も高い。農村加工には汎用性の機器が向いている。

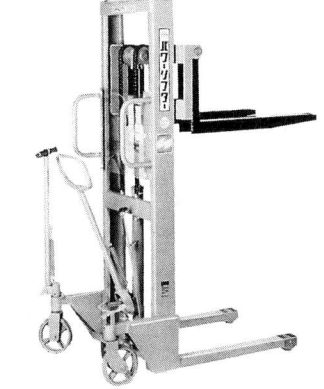

写真2-20) 手動式リフト

写真2-21) サントカー

●レイアウト ── 先入れ先出しの原則と熟成室の位置

貯蔵 ── 熟成室は北向きの部屋，室内空気の循環を

仕込みまですんだら次のポイントは熟成倉庫の確保だ。味噌加工所のレイアウトでいちばん気を遣うのは熟成室（貯蔵室）と包装室の配置である。味噌は熟成期間が長い。熟成には数か月をかけることになる。熟成室はその熟成期間の主役だ。南向きの温度が上がるところでは，発酵が進

写真2-22）
寒冷紗で覆われた味噌蔵の窓
［大山田農林業公社］

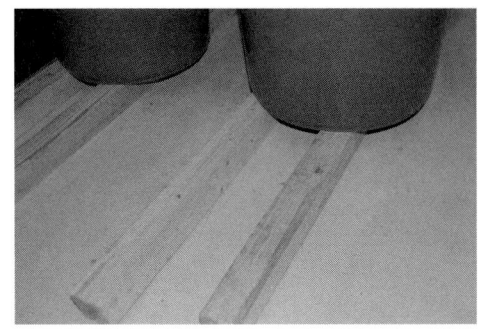

写真2-23）
仕込み容器の下に角材を置いて通気をよくする
［大山田農林業公社］

みすぎるので具合が悪い。だから加工所のなかでも比較的冷涼な北向きの場所に熟成室を配置する必要がある。熟成庫の条件は，むかしから「陽が当たらない，建てつけが悪くすき間風が通るところ」である。空気の対流があることも大切だ。空気がよどむと雑菌がはびこる。空気が循環するには天窓や天井が高いこと，天窓を半開きにして通気をよくするなどの配慮も必要となろう。換気扇などもあるとよい。木造なら空気も通うので好都合だ。陽の当たる窓などがある場合にはこれを寒冷紗などで覆うような配慮もほしい（写真2-22）。

通気性をよくするという点では，仕込み容器を置く床についても注意したい。床に角材を何本か置き，この上に仕込み容器を載せるようにする（写真2-23）。こうすることで容器の底の通気がよくなる。ちょっとしたことだが，熟成庫の通気をよくする工夫のひとつといえる。半年以上熟成させることになるから影響も出る。最近の建造物はアルミサッシの窓で気密性が高いので熟成庫としてはよろしくない。温度が高い熟成庫は味噌の色もよくない。

包装室は熟成室の出口側に配置

味噌加工の作業の流れは，仕込みまでの加工―貯蔵―包装となる。熟成室が決まると，これに付随して包装室の位置を決める必要がある。熟成室は味噌樽をねかしておくところだが，先に入れた樽を先に商品として出荷することになる。いわゆる先入れ先出しの原則で，これによれば，熟成室には入口と出口を設けると具合がい

表2-10）
味噌加工導入機器一覧［大山田農林業公社］

〈味噌加工室〉	○デジタル式台秤
	○水圧洗米機
	○ステンレス蒸し機
	○ステンレス作業台キャスター付き
	○トーヨー式多段式発酵機
	○大玉式圧力釜
	○3連式ガスコンロ
	○ステンレスミンチ
	○ミンチ専用台
	○フードミキサー
	○デジタル式ポータブルスケール
	○2槽シンク
	○パンラック
〈包装室〉	○定量詰機
	○デジタル式ポータブルスケール
	○カップシーラー
	○業務用真空包装機
	○オートシーラー
	○ポイントシーラー
	○ステンレス作業台キャスター付き
	○ワークテーブル
	○パンラック

いことがわかる。つまり熟成室の出口に近いところに包装室を配置する。

なお、これらの点については「食品加工総覧」第1巻「施設規模の考え方と基本設計の着眼点」の味噌を取り上げた項に詳しいので、参考にしていただきたい。

先に述べた多段式発酵機を導入した味噌加工所の加工機器一覧を表2-10に、また図2-7に加工施設のレイアウトを示した。

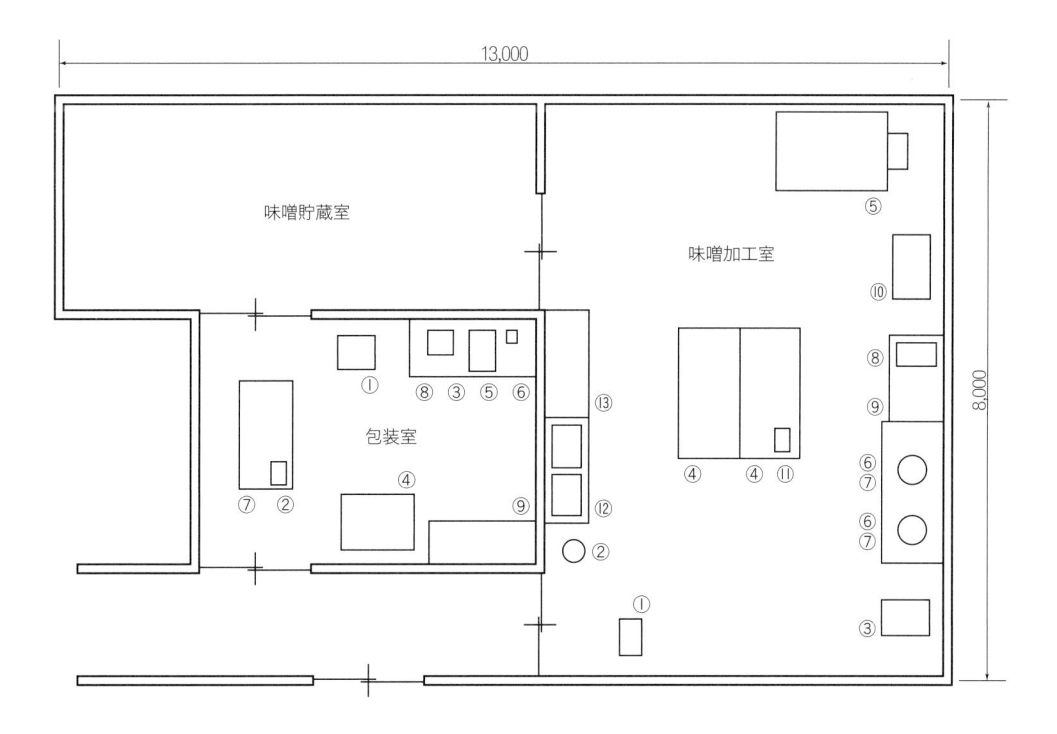

〈味噌加工室〉①デジタル式台秤、②水圧洗米機、③ステンレス蒸し機、④ステンレス作業台キャスター付、
⑤トーヨー式多段式発酵機、⑥大王式圧力釜、⑦3連式ガスコンロ、⑧ステンレスミンチ、
⑨ミンチ専用台、⑩フードミキサー、⑪デジタル式ポータブルスケール、⑫2槽シンク、⑬パンラック

〈包装室〉①定量詰機、②デジタル式ポータブルスケール、③カップシーラー、④業務用真空包装機、
⑤オートシーラー、⑥ポイントシーラー、⑦ステンレス作業台キャスター付、
⑧ワークテーブル、⑨パンラック

図2-7）味噌加工室のレイアウト[大山田農林業公社]

[Ⅲ] パン

●地域特性と製品コンセプトの考え方――自家製粉米粉パンの取組み

　果樹地帯であり，転作にコムギも栽培されている地域での経験をもとに，パン加工における機器選択の考え方について述べてみたい。

　町の担当者からは当初，ジュース，ジャム，ゼリー，菓子などを加工する施設をつくりたいという案が出された。まずこの町の農作物の栽培暦にそって加工品を並べてみた。転作でコムギを栽培している。一方で，町内の他のグループのジャム販売をみると，どうしても売れ残るケースが多い。一般的にジャムは大きな施設でなくても，また大きな投資をしなくてもつくれるため製造者は多い反面，1日当たりの消費量は少なく供給過剰の状況のため，売りにくいものになっている。そこで，このジャムとパンを結びつけたらどうかという提案をした。幸い，国産小麦粉でもグルテンを3～4％加えると外国産小麦粉と遜色ないものができるというデータがあった(「食品加工総覧」第4巻)。安全で安心，しかもおいしい地元のコムギでつくったパンに，地元の果実でつくったジャムを入れて菓子パンに仕上げるという提案になった。アズキを栽培すれば，あんパンをつくることもできる。

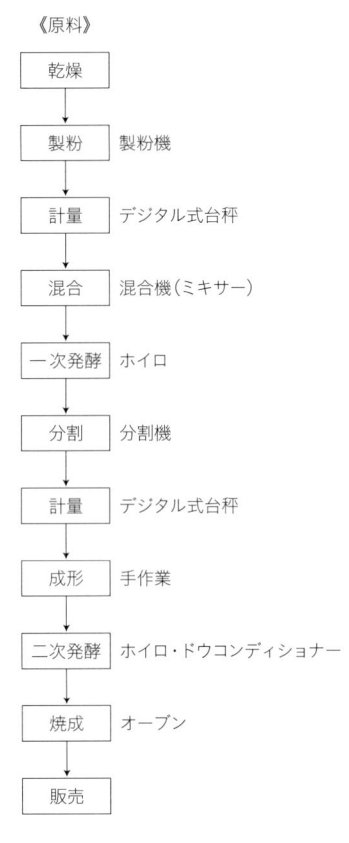

《原料》
乾燥
↓
製粉　製粉機
↓
計量　デジタル式台秤
↓
混合　混合機(ミキサー)
↓
一次発酵　ホイロ
↓
分割　分割機
↓
計量　デジタル式台秤
↓
成形　手作業
↓
二次発酵　ホイロ・ドウコンディショナー
↓
焼成　オーブン
↓
販売

図2-8)
パンの製造工程と必要な加工機器

●パンづくりの工程と必要な加工機器

　まず，パンの製造工程と必要な加工機器を図2-8に示す。図2-8の工程に基づく小麦粉6kg/日のパン加工に必要な加工機器は以下のとおりである。

表2-11) 混合機（ミキサー）の選択（例）

社名	型式	能力	特長
関東混合機工業（株）	HPi-30M	小麦粉3〜5kg/回。米粉1.5〜2.5kg/回	インベーターによるモーター変速でパン用にも菓子用にも使える
（株）愛工舎製作所	MT-30H	小麦粉4〜5kg/回。米粉2〜2.5kg/回	ギヤー駆動によるモーター変速で，パン用にも菓子用にも使える

混合機（ミキサー）

　小麦粉は水などの副資材を混ぜると通常1.6倍の重量となる。パンやらケーキやらをつくるための業務用混合機（ミキサー）は，1回で小麦粉6kg（副資材を含め約10kg）を処理できる能力のものを選ぶ。ボウル容量で30Lの機種となる。業務用の混合機は，撹拌用のアタッチメントを変えることでケーキ用などいろいろな用途の生地に仕上げることができる。また，ボウル容量や回転速度を変えられる機能を有する機種を選ぶことにより，パンだけでなく，ケーキにも対応でき，また少量からの対応もできる。

　表2-11に混合機（ミキサー）をリストしてみた。1回の処理量が選択のポイントである。

写真2-24) ミキサーHPi-30M
[里山パン工房]

ドウコンディショナー

　焼きたてパンの直販を志向するのであれば，パン生地の二次発酵（ホイロ）を自動制御できるドウコンディショナーに注目したい。その理由は，作業性にかかわる。パンは焼きたてがなんといってもおいしい。直売所で売るにも，パンは出来たてがよく売れる。これはデパートなどでも同じだ。客の目の前で焼き上げて売るようにするには，仕込み時間をみておかなければならない。発酵には時間がかかる。朝のうちに販売するとすれば，真夜中からパン生地づくりにかからなければならないことになる。そこでドウコンディショナーが必要になる。夕方仕込んでも焼き上げ時間を設定すれば，その時間までに発酵が完了するように調節してくれる便利な機器である。おかげで真夜中に作業をしなくてもすむ。

　ドウコンディショナーの選択にあたってのポイントは，

写真2-25) ドウコンディショナー
[京・流れ橋食彩の会]

表2-12）ドウコンディショナーの選択（例）

社名	型式	能力	特長
（株）コトブキベーキングマシン	KDM32A	天板32枚	
	KDM32T	天板16枚×2室＝32枚	2室別制御型
戸倉商事（株）	PDXI-SS	天板16枚（最大24枚）	
	PDDI-S2	天板18枚（最大24枚）×2室＝36枚（最大48枚）	2室別制御型
（株）ワールド精機	DCN-2-16	天板16枚×2室＝32枚	2室別制御型

オーブンの能力に見合ったものを導入することである。オーブンの焼成能力に対して、発酵時間を考慮して3～4倍の製造量を見込めるものが必要になる。たとえばオーブンの能力として、1回に天板4枚分を焼けるものとすれば、ドウコンディショナーは12～16枚の天板を扱えるものが必要になる。

また、後述するようにこだわりのパン加工をめざすなら、天然酵母を導入できるように2室別制御のドウコンディショナーを勧めたい。天然酵母による発酵には時間がかかるので、2室の一方を天然酵母用にするなど専用の発酵室を確保すべきだからである。

表2-12にドウコンディショナーをリストしてみた。オーブンに連動することになる天板の枚数が選択のポイントである。

オーブン

オーブン1段に皿（天板）が2枚で、2段タイプのものを導入している。無理な投資を避けるために、同型機のなかではいちばん生産量の少ないものを選んだ。菓子パンは通常1個で生地50gが必要である。この機種のオーブンでは天板1枚に8～10個の菓子パン生地を載せられる。したがって、天板4枚なら一度に32～40個の菓子パンができる。15分で焼き上がるので、1時間では120～160個の製品ができることになる。

ただ、1日のなかでパンの売れる時間帯は限定される。パンは朝早くから昼すぎの2時くらいまでしか売れない。しかも売れる時間は集中している。限られた時間のうちに売り切ってしまう必要がある。それには一度に焼く量が多いほうがよい。食パンはスペースと時間を確保しなければならいから、菓子パンもいっしょに焼こうとすると大きめのオーブンが必要になる。2段よりも3段を準備したほうがよい。過剰投資にはならない程度に、少し大きめのものをそろえる。機種についても、あとから継ぎ足せるタイプがよい。一体でなく増設できるタイプのオーブンを選ぶ。最初は2段でもあとから必要に応じて3段に増やせるタイプがパンには向く。

このパン専用オーブンと通常のコンベクションオーブンが違うのは、上火・下火を別々に設定できることにある。通常のコンベクションオーブンは、熱源が1か所であるから、当然上火・下火

表2-13) オーブンの選択（例）

社名	型式	能力
（株）コトブキ ベーキングマシン	KOCG6022 （電気式）	6取天板2枚2段用
	KOCG6044 （電気式）	6取天板4枚2段用
戸倉商事（株）	TOU-221SUU （電気式）	6取天板2枚2段用
	TOU-422SUU （電気式）	6取天板4枚2段用
（株）ワールド精機	JE-22T （電気式）	6取天板2枚2段用
	FG-22T （ガス式）	6取天板2枚2段用
	JE-42T （電気式）	6取天板4枚2段用
	FG-42T （ガス式）	6取天板4枚2段用

写真2-26) オーブン KOCG6044

の使い分けはなく，ファンによってその熱を全体に回して温度を均一に保つ仕組みである。デニッシュやクロワッサンなどは，コンベクションオーブンで十分だが，あんパンなどの菓子パンは各段上火・下火で温度が違うほうがいいものができる。パン専用オーブンはその点で上火・下火の温度をそれぞれに設定ができ，最高の焼き上がりが素人でも可能である。

　また，コンベクションオーブンでは，ファンを使っているので，パンの生地が乾燥しやすい。生地表面が乾燥してもよい種類のパンは，コンベクションオーブンでも十分だが，生地の乾燥を嫌うパンの場合には，このパン専用オーブンが必要である。

　表2-13にオーブンをリストしてみた。天板の枚数と熱源（電気かガス）が選択のポイントである。

冷凍冷蔵庫（パン用冷凍庫）

　パンの販売状況の変動に対応するため，あらかじめつくっておいた生地を保存するためにパン用冷凍庫を準備するとよい。これはパン生地を最適管理できる温度設定ができ，生地の乾燥を抑えるからイーストが休眠状態となり，発酵が止まる状態を保持することができる。業務用冷凍庫では，微妙な温度設定はできないため，パン用冷凍庫は必要である。

　パンが予定以上に売れる場合などは，短時間管理となるから，一般の業務用冷凍冷蔵庫でも対応可能である。ただし，この場合はオーブンの天板がそのまま収納できるサイズを選ぶことが必要である。

●レイアウトについて ― 加工所と直売所の直結

　販売カウンターと加工室が一体になったもので，とくにオーブンは，販売カウンターから見えるように配置する。客には，パンの焼き上がりの作業風景が正面かまたは斜めの位置に見えるようにするのである。

　パンはデパートでの売れ行きをみていても，やはりその場で焼きたてというのが売れている。○○時にここで焼き上がったパンですというのは魅力がある。したがって農村加工でパンに取り組む場合，加工所と直売所が直結していることが必要だ。見える加工所，パンを焼く香りがする直売所である。数十年のキャリアをもつパンの職人に勝てるわけがない。ではどこで素人は勝負するか。ここで栽培されたコムギとここでとれた果実のジャムを使って，地元の人が，いまここで焼き上げたパンです，ということに尽きる。もちろん開店までは職人さんの技をしっかり伝達してもらう。あとは地元づくしの誠実さで勝負するということである。これで結構評判になることが多い。

　表2-14にここで取り上げた加工所が導入した加工機器一覧を，また図2-9に加工施設のレイアウトを示した。

表2-14）パン加工導入機器一覧
[京・流れ橋食彩の会]

○デジタル式台秤
○混合機（ミキサー）
○ドウコンディショナー
○オーブン
○業務用冷凍冷蔵庫
○デジタル式ポータブルスケール
○ステンレス製縦型ラック
○ステンレス作業台
○2槽シンク
○ガステーブル
○除菌洗浄水生成機
○自動フライヤー
○ワークテーブル
○オーブンレンジ
○ガス置台

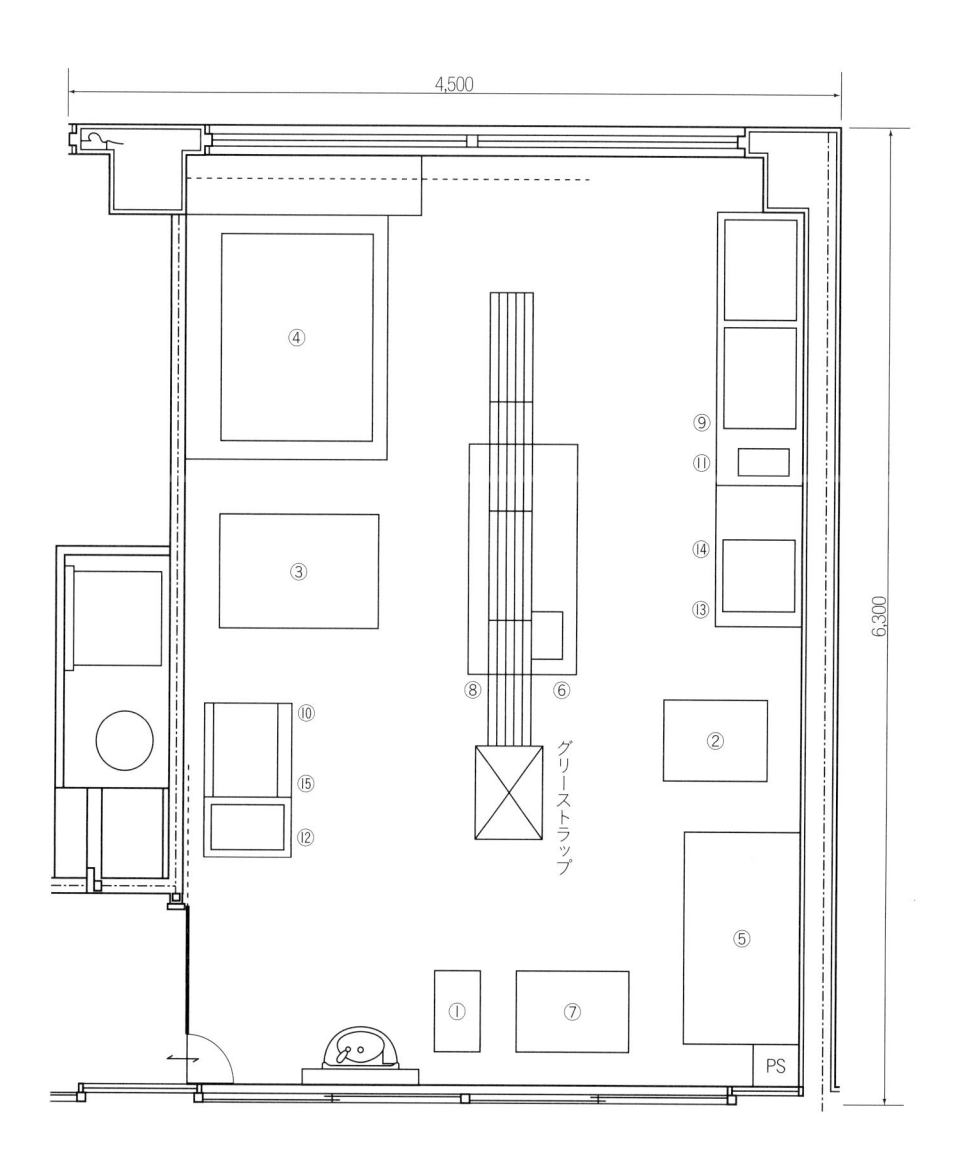

[Ⅲ] パン

①デジタル式台秤, ②混合機(ミキサー), ③ドウコンディショナー, ④オーブン, ⑤業務用冷凍冷蔵庫, ⑥デジタル式ポータブルスケール, ⑦ステンレス製縦型ラック, ⑧ステンレス作業台, ⑨2槽シンク, ⑩ガステーブル, ⑪除菌洗浄水生成機, ⑫自動フライヤー, ⑬ワークテーブル, ⑭オーブンレンジ, ⑮ガス置台

図2-9) パン加工室レイアウト [京・流れ橋食彩の会]

[Ⅳ] 納　豆

●自家産大豆を生かした納豆づくり

　まず，納豆の製造工程を図2-10に示す。

　在来の大豆で特徴を出している。エンレイなどがよく知られているが，他の在来種も各地に残っている。自家産の豆で味噌を仕込んできた流れのなかで，在来種が維持されてきたこともあるようだ。琵琶湖の湖東地域にある百済寺集落では「ミズクグリ」という在来の大豆が使われている。地元の農家はエンレイよりも味のいい豆だという。黒大豆で納豆をつくる場合は，水で炊くと色が抜けるので，蒸す。通常の大豆は蒸すと茶色がかってくる。

　納豆菌は純粋培養のものほど雑菌に弱い。雑菌を寄せつけないためには，できるだけ加熱後の豆の表面には水分が少ないほうがよい。豆を蒸す場合も蒸米のときと同じように，できるだけ速く蒸気がぬけるように薄く広げて豆を蒸すようにする。蒸して豆の中まで熱を通しながら，表面には水分をできるだけ残さないようにする。品温はさげないように注意する。こうしておいて納豆菌を広げると雑菌にやられずに納豆になる。

　写真2-27にみるように納豆発酵機にはファンとサナでできた棚がついている。大豆を煮るあるいは蒸したあと，パックに入れて納豆菌を散布した豆を棚に置き，ファンを回しながら加温する。温度を一定に保って納豆に仕上げる。

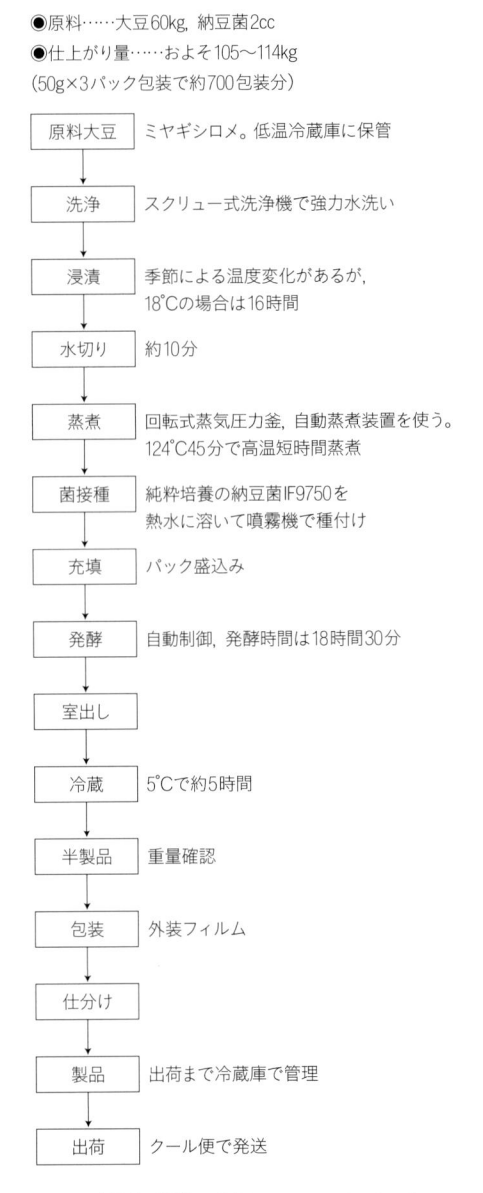

●原料……大豆60kg，納豆菌2cc
●仕上がり量……およそ105～114kg
（50g×3パック包装で約700包装分）

原料大豆	ミヤギシロメ。低温冷蔵庫に保管
洗浄	スクリュー式洗浄機で強力水洗い
浸漬	季節による温度変化があるが，18℃の場合は16時間
水切り	約10分
蒸煮	回転式蒸気圧力釜，自動蒸煮装置を使う。124℃45分で高温短時間蒸煮
菌接種	純粋培養の納豆菌IF9750を熱水に溶いて噴霧機で種付け
充填	パック盛込み
発酵	自動制御，発酵時間は18時間30分
室出し	
冷蔵	5℃で約5時間
半製品	重量確認
包装	外装フィルム
仕分け	
製品	出荷まで冷蔵庫で管理
出荷	クール便で発送

図2-10) 納豆の製造工程［「食品加工総覧」第5巻より］

●納豆菌以外の菌による汚染対策がポイント

納豆発酵機に入れるポリスチレンヒンジパックのふたの部分には穴があいている(写真2-28)。中の水分をここから飛ばして豆の表面を乾き加減にしておくための工夫である。表面に水分が残るとどうしても納豆菌以外の菌が繁殖しやすい。容器に盛り込む際にも、できるだけ豆の表面は乾き加減にしておくほうが納豆菌が繁殖するには都合がよい。

●納豆づくりに必要な加工機器

せいろ

浸漬すると、大豆は米の約2倍にふくれるので、せいろは同量の米用の2倍の大きさが必要になる。蒸し機は麹や味噌の項を参照のこと。

発酵室(納豆製造機)

納豆製造機(発酵機、山善商会製)の取扱い説明書には、サナを棚に差し込んで、その上に蒸し豆を入れたパックを置いてファンを回しておくようにとある。ただ、実際に使っている人にきくと、これでは納豆菌がまばらにしか繁殖していないものが増えてしまうという。この人の場合は写真2-29に見られるようにサナを外してしまい、いきなりヒンジパックを積み重ねる方法をとっている。途中でパックの位置を入れ替えるが、これは全体に均一に納豆菌を繁殖させるためである。

冷蔵庫

品質を一定に保つために火入れをしないで冷蔵庫に入れる。

写真2-27) 納豆発酵機 [太田たか子]

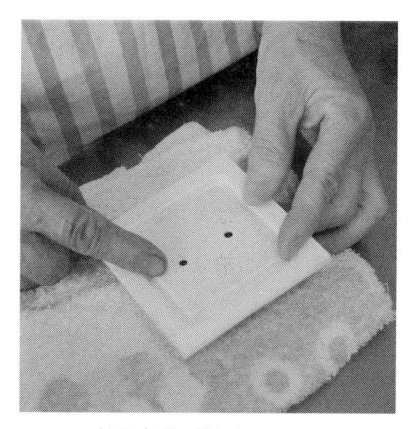

写真2-28) 納豆容器に使われるポリスチレンヒンジパック [太田たか子]

写真2-29) サナを外して納豆パックを積み重ねる [太田たか子]

[V] 米粉の加工品

●農家による自家製粉の意味――自家製粉対応用製粉機の開発

　米粉パンとは，かねてより取り組んできた農村加工事業のプランニング業務を通じて出合った。当時は，農家が米粉パンを製造しようと思えば，超微細粉でないとパンにはならないとされ，新潟県の製粉会社に自家の米を送って製粉してもらい，これを原料にするしかないとされていた。ただ，農村加工に取り組む農家のなかでは，自分のところで製粉したいという要望が高いことを知り，他社に先駆けて米粉製粉機の開発に取り組むことになった。

　「米生産農家による米粉の自家製粉と各種の米粉食品加工を通じて，国産米の消費拡大と農業・農村の活性化をめざす」これがわが社の米粉製粉機を開発するにあたっての基本コンセプトであった。さまざまな試行錯誤の末に後述するような篩付高速粉砕機を開発することができた。その後各地の道の駅，営農組合，JAファーマーズマーケットなどにこの製粉機を導入していただいた。

　製粉には，いくつかの方法がある。面で圧力をかけて潰すもの，たたいて潰すもの，線や点で圧力をかけて切るもの，すり潰すもの，ぶつけて潰すものなどである。コムギなどの製粉機はロール製粉で面による圧力で潰すものである。石臼はすり潰すものの代表である。高速で回転しているピンにぶつけて潰すのがピンミルで，ピンの回転数とスクリーンの穴の大きさで粒度を調整するようにできている。わが社が米粉の自家製粉用に開発した篩付高速粉砕機（写真2-30）はこのピンミルに分類されるものである。

●澱粉の損傷の少ない篩付高速粉砕機HT-1

　一般の高速粉砕機（ピンミル・篩なし）は，ピンで粉砕された米粉が直接回収されるため，粉砕時の加熱による品温が保持されることで澱粉の損傷が増しやすく品質が劣化しやすい。高速粉砕機を改良した篩付高速粉砕機HT-1は，粒度の調整と異物除去のために篩分けをする仕組みになっ

写真2-30）篩付高速粉砕機HT-1
［甲賀もち工房］

ている。まず粗粉砕された米と吸入空気がいっしょにピンで微粉砕され，その後米粉と空気を分離して米粉を篩にかける方式である。そのため，粉砕からサイクロンの工程で空気により米粉を冷却することになるので，澱粉の損傷も最小限に抑え良質な米粉を製造することができる。乾式製粉の場合は気流粉砕方式よりも篩付高速粉砕方式のほうが澱粉損傷度は低い。同じ高速粉砕機でも篩付きと篩なしとでは雲泥の差があり，この澱粉の損傷度の違いは製品の仕上がりに大きな違いを生む。

●製粉機と米粉の質

篩付高速粉砕機HT-1による米粉の粒度は100メッシュスルーで，90ミクロンを中心としてそれ以下の粒子を含んだものになる。米粉の粒度は一般的にはパンやケーキをつくるには細かいほどよいといわれるが，必ずしもそういいきれないところがある。この定説は小麦粉の食感（小麦粉の粒度は150〜30ミクロン）に近いほうがつくりやすいという考えに基づいている。米粉食品の取組みはまだ始まったばかりで，どの米粉の粒度がどの米粉食品に最適なのかということは，これから

表2-15）米粉製粉機の選択（例）

社名	型式		能力
(株)東洋商会	篩付高速粉砕機	HT-1-KJ2FS	10kg/h
(株)西村機械製作所	気流粉砕機	スーパーパウダーミル SPM-R200	〜30kg/h
		スーパーパウダーミル SPM-R290	〜80kg/h
		スーパーパウダーミル SPM-R430	80〜200kg/h
		スーパーパウダーミル SPM-R750	200〜500kg/h
		スーパーパウダーミル SPM-R1050	500〜1,000kg/h
(株)サタケ	気流粉砕システム（大型米粉製造システム）	SKT 5A	0.4〜0.5t/h
		SKT 10A	0.8〜1.0t/h
		SKT 20A	1.6〜2.0t/h
		SKT 30A	2.4〜3.0t/h
		SKT 50A	4.0〜5.0t/h
	小型製粉機	SRG05A	5kg/h
		SRG10A	10kg/h
		SRG30A	30kg/h
槇野産業(株)	水冷石臼式粉砕機	米ミル 303	〜5kg/h
		米ミル 505	〜10kg/h
	ノンスクリーン式ピンミル	EM-2	〜70kg/h
(株)山本製作所	旋回気流式微粉砕機	MP2-350YS	Max20kg/h
静岡製機(株)	旋回気流式製粉機	SM-150	〜15kg/h
		SM-250	5〜50kg/h
		SM-400	10〜100kg/h

PART② 加工品に応じた機器の選択とレイアウト

写真2-31)
気流粉砕機スーパーパウダーミル
SPM-R290(粉砕部)

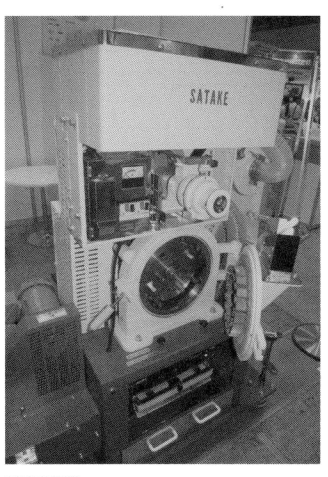

写真2-32)
乾式米粉製粉機(小型製粉機)
SRG10A

写真2-33)
イクシードミルEM-2

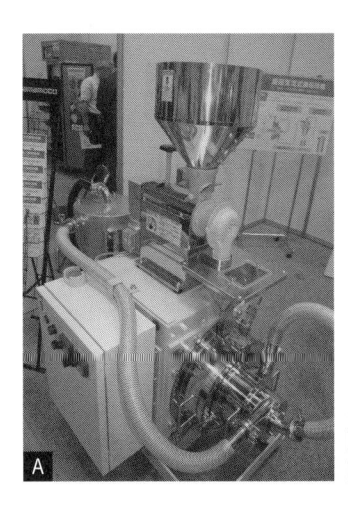

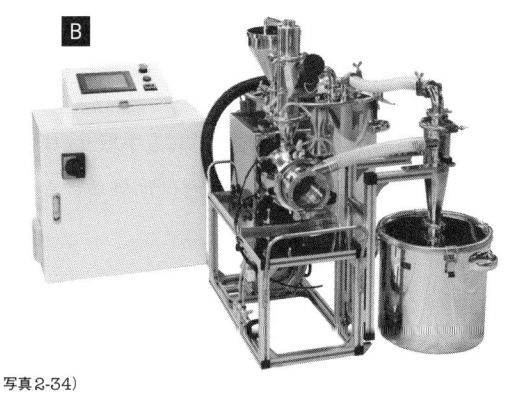

写真2-34)
Ⓐ旋回気流式微粉砕機MP2-350YS
Ⓑ旋回気流式微粉砕機SM-150

の研究によるといってよい。米粉食品は，小麦粉の代替品ということではなく，まったく新しい食品のジャンルである。大切なのは米粉の粒度もさることながら，その粉に合わせたレシピと製造方法，とりわけ生地づくりである。価格面から見れば農家による自家製粉を実現できるのが篩付高速粉砕機HT-1であると考えている。

表2-15に米粉製粉機をリストしてみた。時間当たりの処理能力と製粉の方法が選択のひとつのポイントである。

●自家製粉米粉を使った加工品の展開

　篩付高速粉砕機の販売が始まった平成16(2004)年ころは，米粉パンはまだまだ認知度が低く当時導入していただいた加工所はいずれも米に特別の思いがあるところが多かったように思う。

　認知度の低かった米粉パンや米粉食品の状況を一変させたのが，平成20(2008)年の小麦価格の上昇による小麦粉の大幅値上げである。小麦粉に代わる素材として米粉が多方面から注目され，米粉をめぐる情勢は一変した。さらに農家の個別所得補償制度(新規米需要として，実需者との間に契約関係がある飼料・加工用米の生産についてはこれを転作として認め，反当たり8万円の価格補償をするもの)がスタートしたことも大きい。こうして米粉ビジネスも状況は一変し，それに伴い多くのメーカーが米粉製粉機分野に参入してきた。わが社は米粉に対する認知度の低い時代から，米の消費拡大と農業農村の活性化の切り札として米粉製粉機に取り組んできたのだが，所詮は零細企業，全国展開するにも，他社のような営業力・ネットワークなどの力も弱く，比べものにならない。

　当初は1g1円で販売されていた米粉が，安くなってきている。大手が製粉に乗り出した影響だろうが，現状は必ずしも農家の手取りを増やすという方向ではない。わが社が開発した製粉機は，農家が自ら栽培した米を自家製粉して，結果的にも手取りが増えることを想定したものである。

　製粉を自ら行ない，加工品にまで仕上げれば付加価値は高まり，農家の手取りは明らかに増える。個別所得補償制度の効果も倍化するであろう。農家の手取りが増えることは，担い手を育てる前提条件をつくることにもなる。単に自給率の向上だけにとどまらず，担い手を育て，女性が農業に関わるチャンスを広げることにもなると考えてのことであった。

　粉としての米粉をそのまま食べても特別おいしいものではない。米粉を使っていかにおいしい米粉食品を消費者のみな様に提供できるかが，米粉の普及につながると考えている。

　「それぞれの米粉の粒度に合わせた加工方法があり，そのためのレシピがある」ということを基本にすえて，農村加工での米粉活用に道を開くべくわが社の米粉製粉機で自家製粉した米粉を使った各種米粉食品の開発に取り組んでいる。

　そうした取組みのなか，各地の展示会に自家製粉米粉を使ったスイーツを出展し，多くの方に試食してもらうことになった。回を重ねるうちに手応えを感じ，さらに多くの人に，自家製粉米粉のおいしさ，地産地消の重要性を伝え，おいしく感じてもらうべく，平成22(2010)年6月にアンテナショップ「しょっぷ まどれ(shop Madre)」と米粉スイーツ，米粉パンの加工・研修施設をオープンすることになった。

●米粉による洋菓子づくり

以下に紹介するのはこのしょっぷ まどれ(shop Madre)で開発した洋菓子である。

米粉100%のしっとりシフォン

　米粉100%のシフォンケーキの場合，米粉ならではのしっとり感を前面に出すことが可能である。米粉の高い水分保有率を活かした商品といえる。

　製造工程を図2-11に示す。シフォンケーキでは，何よりも大切なのが泡の力である。この泡づくりをしっかりとできるかどうかによって，シフォンケーキの出来上がりの生地のキメの細かさやふんわり感に影響が出る。そこでキメが細かくふんわりしていて，かつしっかりとした泡をつくるために卵の白身を冷却することや，ハンドミキサーの速度の使い分け方，生地の混合の仕方など，試行錯誤しながらレシピを完成させた。詳しい作り方については「しょっぷ まどれ」にお尋ねいただきたい。なお，「しょっぷ まどれ」では，ここでとり上げた米粉製品の研修も実施しているのでご相談いただきたい。

写真2-35) 米粉100%のしっとりシフォンケーキ
[しょっぷ まどれ]

図2-11) 米粉のシフォンケーキの製造工程
[しょっぷ まどれ]

●原料
米粉(東洋商会製HT-1による)80g，鶏卵4個，甜菜グラニュー糖80g，米油50mL，水50mL
●仕上がり量……シフォンケーキ(17cmホール)1個

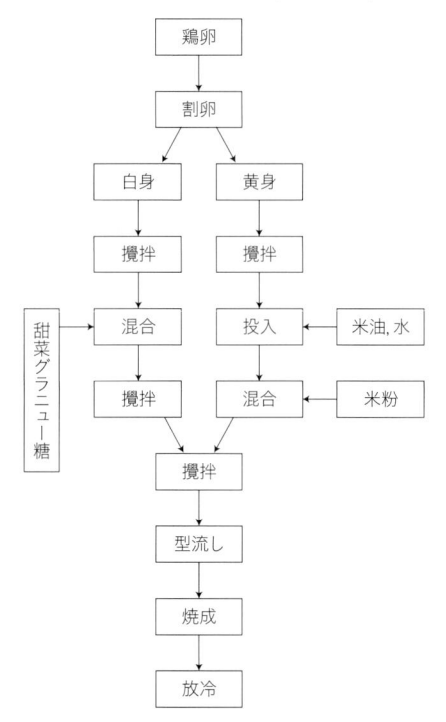

鶏卵 → 割卵 → 白身／黄身
白身 → 攪拌 → 混合 ← 甜菜グラニュー糖
黄身 → 攪拌 → 投入 ← 米油,水 → 混合 ← 米粉
→ 攪拌 → 型流し → 焼成 → 放冷

[V] 米粉の加工品

米粉づくしのシュークリーム

　シュー生地にもカスタードクリームにも米粉を使って，まさに米粉づくしのシュークリームもできる。シュー生地に米粉を使うとサクッと軽い食感になる。またカスタードクリームにも米粉独特のなめらかさが活かせる商品だ。これに自家栽培の果物や地元産の果物を使えば，見た目も楽しいシュークリームになる（写真2-36）。トッピングに地元産のイチゴ，ブルーベリー，カボチャの種，オレンジ，ビワなどを使っているものもある。

　製造工程を図2-12に示す。

　粘性を保ちながら軽いシュー生地にするためには，水分量や卵の添加量に留意する。シューが上手に膨らむにはここがポイントになる。

　また，カスタードクリームで注意すべき点は衛生面である。卵を使用しているが，粘度が高

写真2-36）米粉づくしのシュークリーム
［しょっぷ まどれ］

図2-12）米粉のシュークリームの製造工程［しょっぷ まどれ］

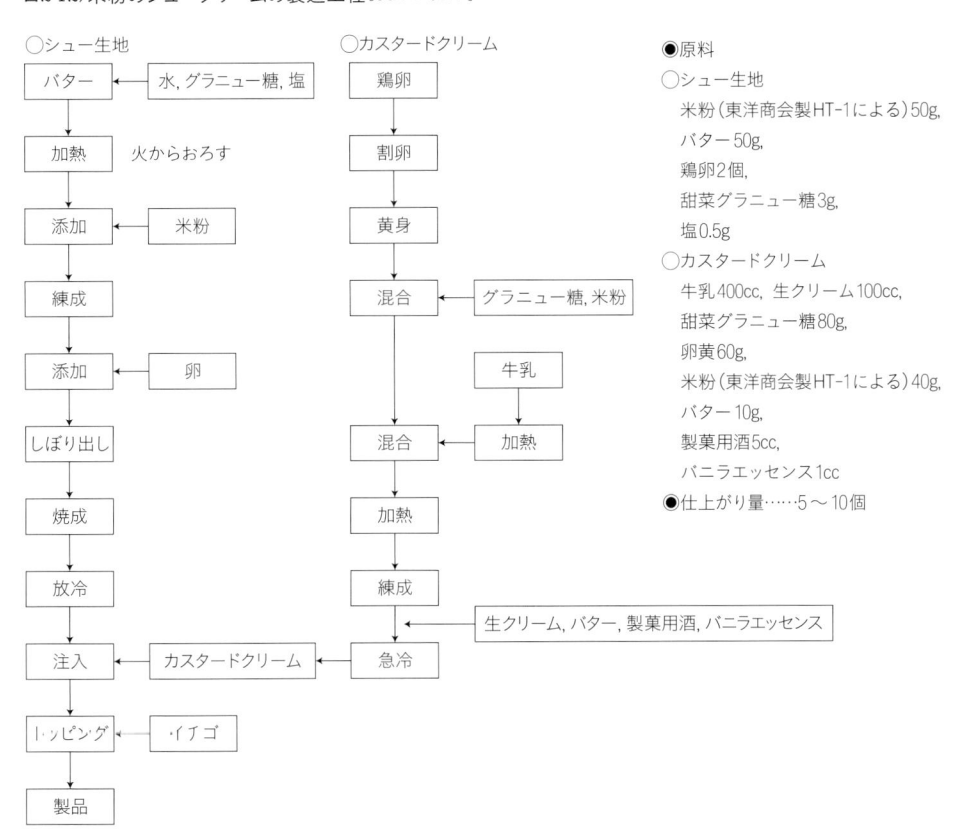

○シュー生地
バター → 水，グラニュー糖，塩
↓
加熱　火からおろす
↓
添加 ← 米粉
↓
練成
↓
添加 ← 卵
↓
しぼり出し
↓
焼成
↓
放冷
↓
注入 ← カスタードクリーム
↓
トッピング ← イチゴ
↓
製品

○カスタードクリーム
鶏卵
↓
割卵
↓
黄身
↓
混合 ← グラニュー糖，米粉
↓
混合 ← 牛乳　加熱
↓
加熱
↓
練成
↓
急冷 ← 生クリーム，バター，製菓用酒，バニラエッセンス

● 原料
○ シュー生地
　米粉（東洋商会製HT-1による）50g,
　バター 50g,
　鶏卵2個,
　甜菜グラニュー糖3g,
　塩0.5g
○ カスタードクリーム
　牛乳400cc, 生クリーム100cc,
　甜菜グラニュー糖80g,
　卵黄60g,
　米粉（東洋商会製HT-1による）40g,
　バター 10g,
　製菓用酒5cc,
　バニラエッセンス1cc
● 仕上がり量……5〜10個

いため火が通りにくく，雑菌が繁殖しやすい。そこで練り上げ作業や，練り上げたあとの冷却の仕方に工夫が必要となる。実際の詳しい作り方は「しょっぷ まどれ」に問い合わせていただきたい。

コスクラン（南蛮かりんとう）

　米粉を使って手捏ねの「黒糖味のかりんとう」ができる。かりんとうは「味」の面でいちばん米粉の特徴が生かされている商品ともいえる。米粉は油を吸いにくいためサクッと軽い仕上がりで，食べすぎてももたれない。原料は米であり，卵や乳製品などは使わない。材料をシンプルにすると，おかきのような風味で後味もさっぱりする。

　製造工程を図2-13に示す。コスクラン（南蛮かりんとう）の特徴は，そのほどよい硬さと軽い食感，そしておかきのような味わいにある。そんな米粉のおいしさが出ているコスクランは，その分

写真2-37）コスクラン（南蛮かりんとう）
[しょっぷ まどれ]

図2-13）コスクラン（南蛮かりんとう）の製造工程
[しょっぷ まどれ]

●原料
米粉（東洋商会製HT-1による）600g，油大さじ1，
ぬるま湯500（温度により調整）mL，
甜菜グラニュー糖大さじ2/3，塩ひとつまみ，
黒糖200g，水大さじ1・1/2
●仕上がり量……40g入り袋27個

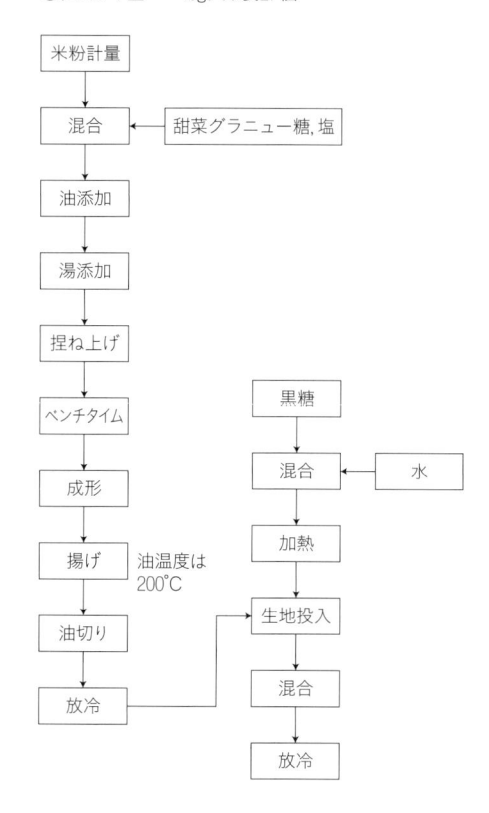

米粉計量
↓
混合 ← 甜菜グラニュー糖，塩
↓
油添加
↓
湯添加
↓
捏ね上げ
↓
ベンチタイム
↓
成形
↓
揚げ　油温度は200℃
↓
油切り
↓
放冷

黒糖
↓
混合 ← 水
↓
加熱
↓
生地投入
↓
混合
↓
放冷

ほかのどの菓子よりも米粉の割合が高くなっている。つまり，米粉そのものによってもその味・食感が異なるといえる。軽い食感とおかきの味わいを実現するために，米粉の粒度や水分量，油の温度などに留意する必要がある。粒度は揚げる具合に影響するようであるし，水分は硬さ，油の温度は仕上がりにつながる。

こめどら

「米粉のどら焼き」は，米粉の独特の風味と食感が生かされた商品である。少し「もっちり感」があり，ほんのり求肥のような風味があるため，普通のどら焼きよりも満足感が得られる。

製造工程を図2-14に示す。ほどよいふんわり感を残しつつ，あんとのバランスも考えて適度な硬さと弾力のある生地に仕上げたい。そのために重要なのが焼成前の生地の硬さ・水分量である。白身の泡だて方や水の加え方も作業上のポイントである。

写真2-38）米粉のどら焼き「こめどら」
［しょっぷ まどれ］

図2-14）こめどらの製造工程
［しょっぷ まどれ］

●原料
鶏卵3個，米粉（東洋商会製HT-1による）150g，
甜菜グラニュー糖100g，蜂蜜30g，みりん30g，
重曹2g（水小さじ1で溶いておく），
水75mL，あん350g
●仕上がり量……10〜15個

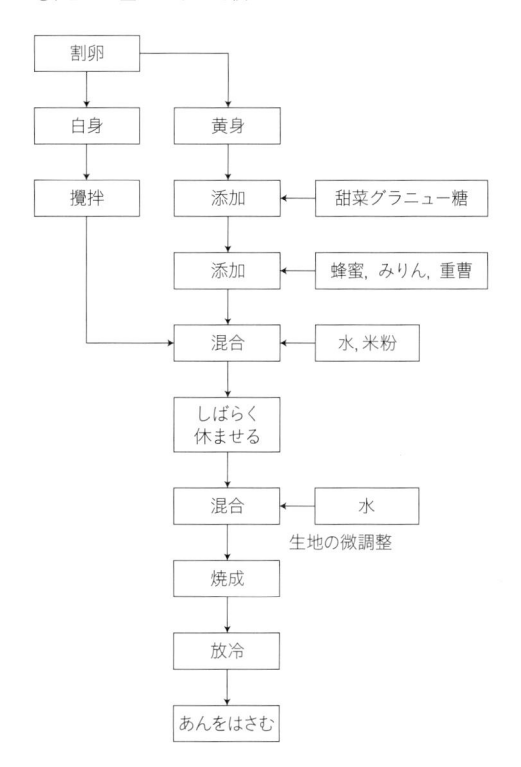

```
割卵
 ├─ 白身 ─→ 攪拌 ─┐
 └─ 黄身 ─→ 添加 ←── 甜菜グラニュー糖
           ↓
           添加 ←── 蜂蜜，みりん，重曹
           ↓
           混合 ←── 水，米粉
           ↓
        しばらく休ませる
           ↓
           混合 ←── 水
           （生地の微調整）
           ↓
           焼成
           ↓
           放冷
           ↓
        あんをはさむ
```

琵琶湖のよし粉を使った玄米ブラウニ

「食べて地球にやさしくなる」をモットーにしている「しょっぷ まどれ」では，よし粉（5月に新芽を摘んで粉末にする）を食べることによってヨシについて関心をもってもらうとともに，ヨシをもっと身近に感じてもらうために開発した製品である。卵や乳製品，大豆製品を使用せず，無農薬の玄米粉を使用しているのでハードタイプでありながらも，よし粉と玄米の味をじっくり味わえる商品となっている。

製造工程を図2-15に示す。shop Madre（しょっぷ まどれ）の「ぷちビーガン玄米スイーツ」部門の製品。「ぷちビーガン玄米スイーツ」とは，卵や乳製品を使用しない菓子のこと。一般的にケーキ類は卵の泡の力を利用してふんわり感を出す場合が多いが，ここでは卵でなく，重曹の力を利用して膨らました。米粉は，粉の比重が重く，硬くなりやすい特徴をもつので，生地が硬くなりすぎないためにとくに，水分含量からみて原料素材を分別すること，重曹の膨らむ速度に留意すること，生地を溶く水分量などがポイントになる。詳しくは「しょっぷ まどれ」に問い合わせいただきたい。

写真2-39）西の湖のヨシの玄米ブラウニ
[しょっぷ まどれ]

図2-15）玄米ブラウニの製造工程
[しょっぷ まどれ]

●原料
玄米粉（東洋商会製HT-1による）1合，
よし粉大さじ1，重曹小さじ1/4，粗糖1/3カップ，
塩0.5g，リンゴジュース1/2カップ，油1/4カップ，
バニラエキストラクト小さじ1/2
●仕上がり量……5cm×5cmで12切れ

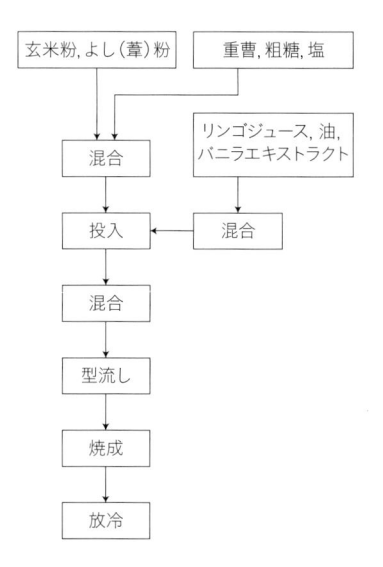

```
┌─────────────┐   ┌─────────────┐
│玄米粉,よし(葦)粉│   │重曹,粗糖,塩 │
└──────┬──────┘   └──────┬──────┘
       │                 │
       ▼                 │   ┌─────────────┐
    ┌─────┐              │   │リンゴジュース,油,│
    │ 混合 │◄─────────────┘   │バニラエキストラクト│
    └──┬──┘                  └──────┬──────┘
       ▼                            │
    ┌─────┐         ┌─────┐         │
    │ 投入 │◄────────│ 混合 │◄────────┘
    └──┬──┘         └─────┘
       ▼
    ┌─────┐
    │ 混合 │
    └──┬──┘
       ▼
    ┌─────┐
    │型流し│
    └──┬──┘
       ▼
    ┌─────┐
    │ 焼成 │
    └──┬──┘
       ▼
    ┌─────┐
    │ 放冷 │
    └─────┘
```

●米粉の洋菓子づくりに必要な加工機器

ミキサー

　小型のケーキ用混合機を使用する。ただ，米粉の混合は小麦粉と比べ吸収する水分量が多く，粘りがあるため，機種を選ぶ際に小麦粉の使用量の2倍の能力の機種を選び，シャフトにかかる負荷も大きいためシャフトのアームにはステンレス製のものを選ぶことが必要である。

オーブン

　パン用のオーブンがあれば，基本的にそのままスイーツづくりに利用できる。パンの場合にはデッキオーブン，コンベクションオーブンなどその選択は製造方法や品質にかかわるので重要であるが，米粉スイーツの場合は米粉パンほどはこだわらなくてよい。

フライヤー

　揚げ量とフライヤーの大きさは比例する。2kgの材料を揚げるのであればフライヤーも2L程度の容量が必要になる。大きすぎると必要以上の油を加熱するので廃食油が多くなる。小さすぎると温度が低下しやすくおいしい味に揚がらない。小さなフライヤーの場合にはこまめに揚げて油の回転率を上げるとよい（鈴木修武，『食用油の使い方』幸書房より）。

●米粉を使った米麺（こめめん）づくり

　米麺の製造工程を図2-16に示す。
　米麺の製造にはいろいろの方式があるが，今回ここに紹介するのは，当社の米粉製粉機で自家製粉の米粉を使った米麺。これは押し出し方式ではなく，麺帯にして切っていくという，従来のうどんの製麺方式を基本に独自のノウハウでつくられた小麦粉グルテンフリーの米麺である。

写真2-40）
米麺「近江米めん」
［甲賀もち工房］

PART② 加工品に応じた機器の選択とレイアウト

●米麺づくりに必要な加工機器

図2-16に基づく米粉約14kg/回，1食に5gで米麺150食の米麺加工機器は以下のとおりである。

製麺機

ニード（Knead）とは，練り混ぜるという意味がある。水平撹拌や二軸撹拌などで混捏を行なうミキサーでは，粘度が高すぎて練り上げられないものを混捏する機械がニーダー（Kneader）である。米麺の場合，小麦粉などよりも吸水量が多く，粘度も高くなるためミキサーでなくこのニーダーが使われる。一般には手打ち麺製造機といわれ，米粉に水を加えて練り上げるニーダーと，生地にこしを出すローリングプレス，練り上げた生地を徐々に薄く広げて麺帯にする機械であるロール，包丁切りにあたるスライドカッターの四者が一体となっている。

表2-16に製麺機をリストしてみた。米麺の場合は，とくに混捏の方法が充実しているかどうかが選択のひとつのポイントである。

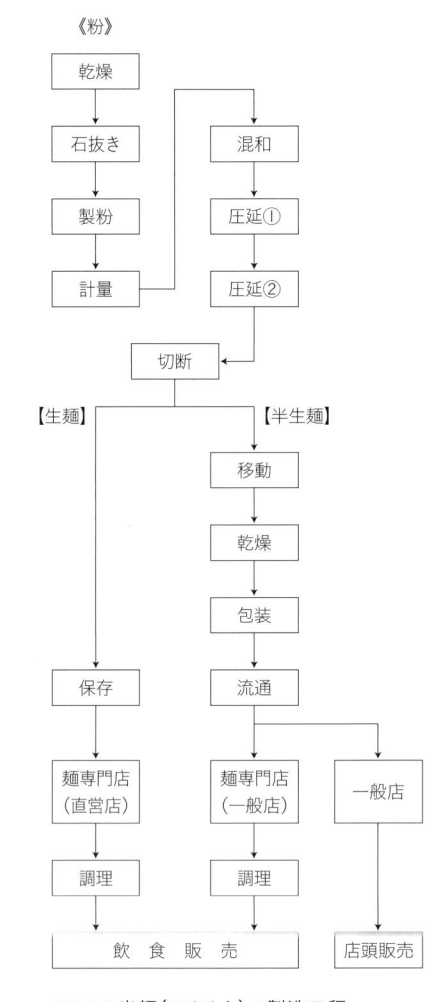

図2-16）米麺（こめめん）の製造工程

写真2-41）製麺機 M-305 AP-6 ［甲賀もち工房］

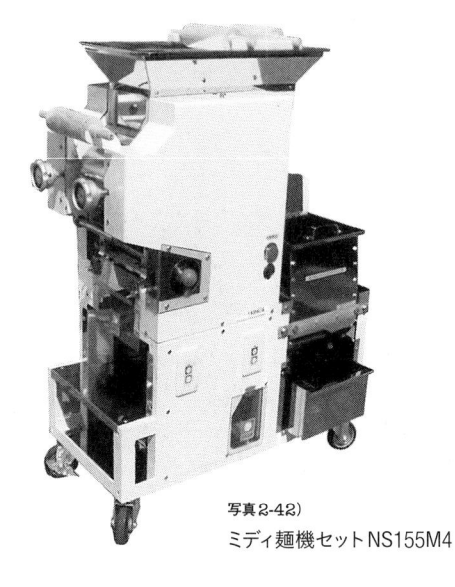

写真2-42）ミディ麺機セット NS155M4

[V] 米粉の加工品

表2-16) 製麺機の選択（例）

社名	型式	能力	特長
さぬき麺機（株）	M-305 AP-6	150〜300食/h	手捏ね（スーパーニーダー），生地鍛え（ローリングプレス），鍛え，荒延し（波ロール），生地の仕上げ（平ロール），麺の裁断（スライドカッター）。手打ちでこしのある麺の全工程を1台でコンパクトに行なえる。手打ちの原理に基づき，縦方向と横方向の圧延ができるためこしのある麺ができる
	M-808 AP-6	100〜200食/h	
（株）山田鉄工所	ミディ麺機セット NS155M4	100〜150食/h（100〜120g/食）	ミキサーと麺機が一体となり省スペース。従来の小型麺機より大径ロールとなり作業性と製麺性が向上
	ミディ麺機セット NS235M8	160〜250食/h（100〜120g/食）	ミディ麺機セットのワイドタイプ。ミキサー能力4kg→8kg，ロール幅W150mm→W230mmになる

UCカッターとロープコンベアー

UCカッターは麺帯をベルトに載せて移動させながら細い麺に切り分けるカッター部をもった機械である（写真2-43A）。ベルトコンベアーで移動した麺帯は，出口部で細かく麺に切り分けられて，ロープコンベアーで移動する（写真2-43B）。これを写真2-43Cのような白い棒で持ち上げて，乾燥室（写真2-43D）へ運び込む。乾燥室では米麺をそのまま吊して一定の水分状態になるまで乾燥させる。

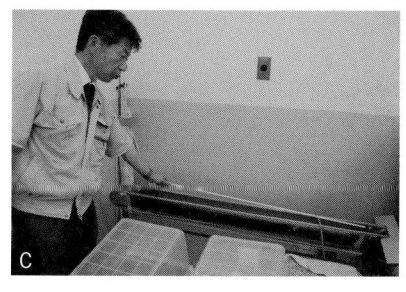

写真2-43) 米粉製造工程 [甲賀もち工房]
A UCカッター機
B 麺に切り出されて2本のロープコンベアーの上に落ちる
C 白い棒で持ち上げ，乾燥室へ運ぶ
D 乾燥室（保存庫）で干す

PART② 加工品に応じた機器の選択とレイアウト

乾燥設備

米麺を半生麺にするための設備として乾燥室が必要となる。

表2-17にここで取り上げた米麺加工所が導入した加工機器一覧を，また図2-17に加工施設のレイアウトを示した。

機械的には小麦粉と米麺の違いから，従来の製麺機の一部改良で対応できるが，グルテンフリーで米麺・べーめんを製造するノウハウについては特許の絡みもあるので，ここでは詳細に述べられないことをご了解いただきたい。

表2-17) 米麺加工導入機器一覧
[甲賀もち工房]

- デジタル式台秤
- 手打ち麺機
- UCカッター
- ロープコンベアー
- デジタル式ポータブルスケール
- 2槽シンク
- ステンレス作業台キャスター付
- 食器戸棚
- 保存庫

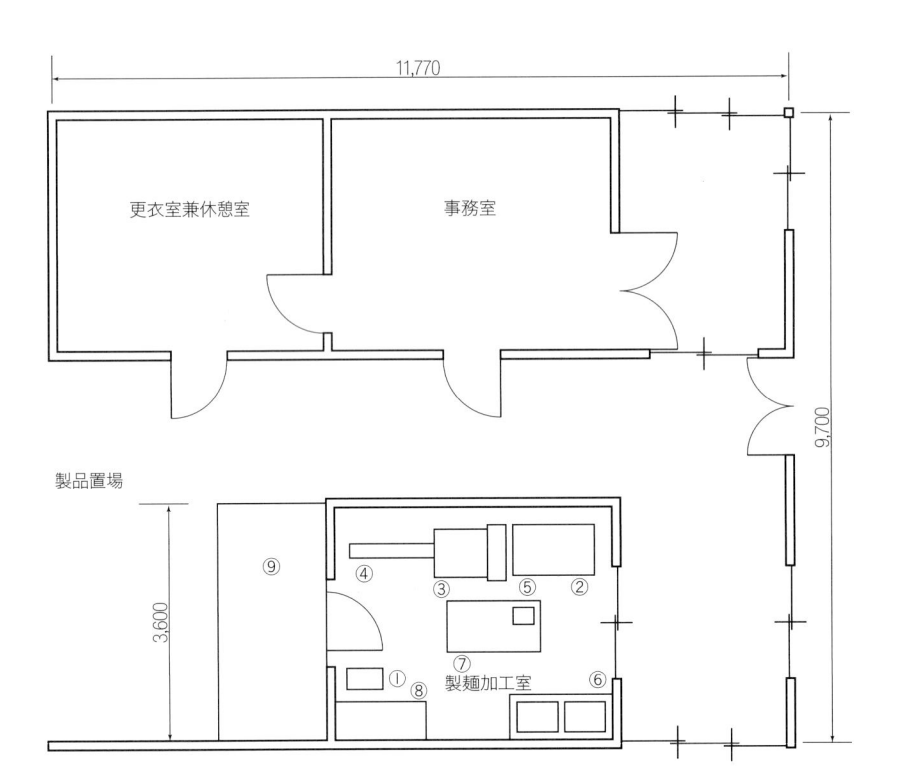

①デジタル式台秤, ②手打ち麺機, ③UCカッター, ④ロープコンベアー, ⑤デジタル式ポータブルスケール, ⑥2槽シンク, ⑦ステンレス作業台キャスター付, ⑧食器戸棚, ⑨保存庫

図2-17) 米麺加工施設のレイアウト[甲賀もち工房]

◉米粉を使ったパンづくり

　米粉パンは，小麦粉のパンに比べてしっとり，もちもちとしておいしいと皆が言う。小麦粉のパンは飲み物を飲みながらでないとのどを通りにくい，とくにお年寄りからはよく耳にする。「日本人は"しっとり，もちもち"が好きで"かさかさ，パサパサ"は嫌いらしい。これは日本人の遺伝子にもともと何か組み込まれているのだろうか」とわが社へ出入りするある営業マンに聞いたことがある。彼はアイスクリーム関連機器の営業であり，仕事柄，仕入先はフランスやイタリアが多いようで，これは実感から出たことばのようである。

　彼の言い分はこうだ。「日本人は西洋人に比べて唾液の分泌が少ないからしっとり，もちもちを好むのだろう」。なるほど，コムギが育つ地域は乾燥地帯で，そこで生活する人間は乾燥から身を守るために生理的に唾液の分泌を多くすることが必要であり，一方日本人のように湿潤地域で生活する人間は唾液の分泌を多くする必要がないのかもしれない。

　これは唾液だけではなく，汗腺とかその他周囲の環境に適応する形で乾燥地帯に生活する生き物と湿潤地帯で生活する生き物との違いとなっているのかもしれない。乾燥地帯で育った小麦を原料とする一般的なパンより，われわれと同じ環境で育った米を原料とする米粉パンを食するのは"身土不二"の観点からもそれがむしろ自然で，味覚や食感が好まれるのも故なしとしない。

　そういう意味からも，米粉パンをはじめ米粉スイーツ，米麺などの米粉食品は，今後ますます増えていくのではないかと期待している。

　米粉パンをつくって軌道にのっているところも多い。第三セクター絡みで，地粉のパン，地場産果実のジャム，地元の人の手づくりと三拍子揃って，加工も幸いにうまくいっているところもある。地産地消を打ち出すには，米粉パンは一般のパンと差別化ができるのでお勧めの一点といえる。まったくパンづくりの経験のない農家のパンづくりはプロのパン職人にはかなわない。農家が農村加工で特徴を出すとすれば，原料生産者である農家だからこそ地産地消，安全・安心を打ち出すことしかないであろう。それには自家製粉できる小型の米粉製粉機が必要である。

　そもそも私が米粉パンとかかわりをもつことになったのは，1998(平成10)年に愛知県で，ある道の駅の特産加工プランニングに携わったことからである。町で加工グループの要望も入れて，行政が加工施設を建設したが，そのときに当初の計画にはないパン加工室を追加することになった。ただ，補助事業では，計画の追加や変更にはそれなりの根拠が必要となる。米の加工品づくりの事業としてスタートした以上，小麦粉のパン加工室では筋が通らず，補助金の返還という事態にもなりかねない。

　そこでだんご用に導入した米粉製粉機を使って米粉をつくり，米粉パンを焼くことにしたのである。パン用米粉にしては粒子が粗かったが，パン用機械のメーカーに講習をお願いして，米粉

入りパンの講習を実施し，米粉入りパンの製造方法を身につけて何とかオープンに間に合わせた。予想に反して，オープンすると米粉入りパンは好評を博した。米粉の量が不足し，フル稼働させられた米粉製粉機は負荷がかかりすぎて，通常は壊れることのない部品まで交換するほどだった。こうしたこともあって，製粉機を見直す必要に迫られた。思えばこれが篩付高速粉砕機の開発につながったのである。

●米粉パンづくりの工程

米粉パンの製造工程を図2-18に示す。

米粉パンは惣菜パンがおもしろい。米は小麦より自分を主張しないため，ご飯に合うおかずなら何でも惣菜パンの材料にできるからだ。ただこの場合はパン加工室のほかに惣菜加工室が必要になる。パン焼成時に惣菜を挟んでしまえば資格はパン製造だけだが，焼き上がったパンに惣菜を挟むとなるとパン・菓子加工のほかに惣菜加工の資格が必要である。

●米粉パンづくりに必要な加工機器

図2-18の製造工程に基づく米粉3kg/日の米粉パン加工機器は以下のとおりである。

ミキサー

米粉は小麦粉に比べて吸水量が多く，水などの副資材を混ぜると小麦粉の約2倍に近い重量になる。生地に合わせて水を加えて練り上げる際に，重くなりしかも粘りが出る。このためミキサーにかかる負荷も大きい。そこで米粉の量は小麦粉の場合の約2分の1にして練り上げる。小麦粉を練り上げる通常のミキサーでは，捏ね鉢の中のアームの軸がアルミ製であり，負荷がかかると折れることもある。そこで，米粉用のミキサーの攪拌羽のアームは，より負荷に強いステンレス製にすることを勧める。

ドウコンディショナー　パンを参照のこと。
オーブン　パンを参照のこと。

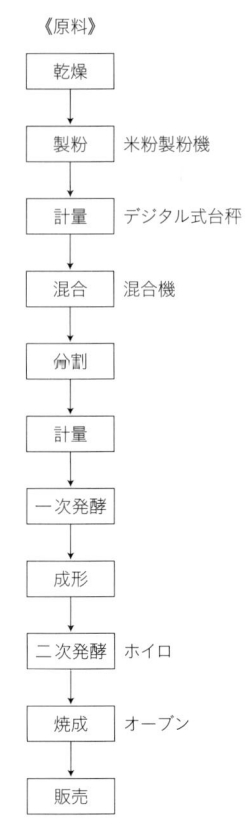

図2-18）
米粉パンの製造工程と必要な加工機器

《原料》
乾燥
製粉　米粉製粉機
計量　デジタル式台秤
混合　混合機
分割
計量
一次発酵
成形
二次発酵　ホイロ
焼成　オーブン
販売

[V] 米粉の加工品

●レイアウト

表2-18にここで取り上げた米粉パン工房が導入した加工機器一覧を，また図2-19に加工施設のレイアウトを示した。通常のパン加工室に準ずるレイアウトである。

ただ，この加工所はもともとスペースが限定されていたために，已むを得ずこのレイアウトになったが，通常のスペースとしては8m×5m程度は必要である。

表2-18）米粉パン加工導入機器一覧［里山パン工房］

機器名	特長
○デジタル式台秤	
○混合機（ミキサー）	
○ドウコンディショナー	
○オーブン2枚2段縦差し	蒸気発生装置1個付
○業務用冷凍冷蔵庫	
○デジタル式ポータブルスケール	
○ステンレス製縦型ラック	
○ステンレス作業台	キャスター付
○2槽シンク	
○ガステーブル	
○冷蔵庫	

図2-19）米粉パン加工室レイアウト［里山パン工房］

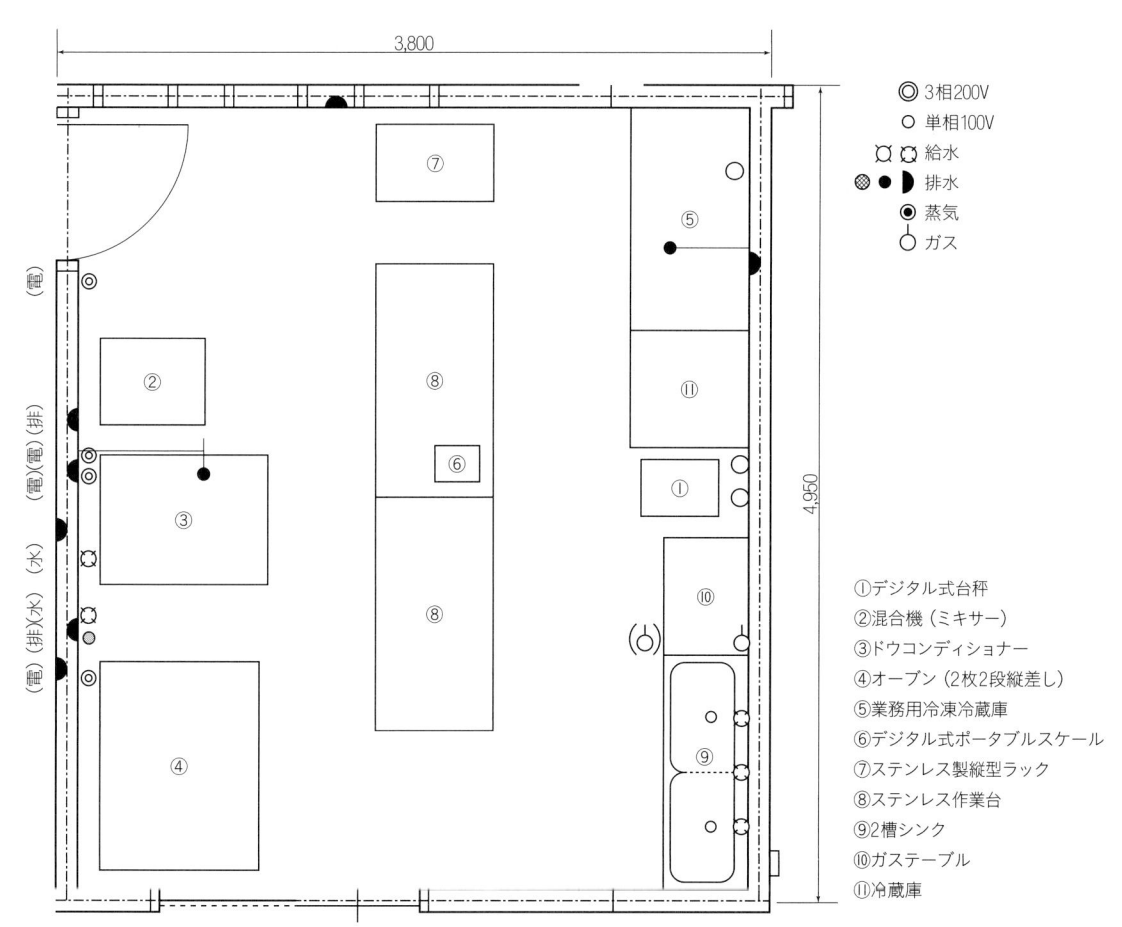

凡例：
- ◎ 3相200V
- ○ 単相100V
- 給水
- 排水
- ● 蒸気
- ○ ガス

①デジタル式台秤
②混合機（ミキサー）
③ドウコンディショナー
④オーブン（2枚2段縦差し）
⑤業務用冷凍冷蔵庫
⑥デジタル式ポータブルスケール
⑦ステンレス製縦型ラック
⑧ステンレス作業台
⑨2槽シンク
⑩ガステーブル
⑪冷蔵庫

[Ⅵ] ジャム

◉農村加工でのジャムの位置づけ

ジャムの製造工程を図2-20に示す。農村加工機器のプランナーとしては，ジャムや漬物を農村加工の中心にすえることはあまり勧められない。設備費は両者ともに安くてすむのは確かだが，1回当たりの商品の消費量は少なく，種類も多いから加工所としてジャムや漬物をメインにすえるなら，よほどに特徴を出すか，他の加工品と組み合わせるなどしない限りは，経営的にむずかしい。加工所の設備よりもいかに商品の特徴を出せるかという点で知恵をしぼらなければならない品目といえる。

◉ジャムづくりの製造工程と使用する加工機器

図2-20の製造工程に基づくジャム加工機器は以下のとおりである。

洗浄機

気泡式とブラシ式とがある。ブドウやイチゴなど表面が軟らかいものを洗浄するのは気泡式洗浄機を使う。また，リンゴやナシ，カキなど表面が硬いものを洗浄するのはブラシ式を使う。

回転釜

回転釜(写真2-44)は，熱源がガスの場合，直火式と間接加熱式とに分かれる。クッキングケトルという間接釜であれば，スープなど長い間加熱しても焦げつかない。ジャムの場合は砂糖を溶かすのだが，この場合，熱しやすく冷めやすいもののほうが糖分の吸収がよい。だから直火式を

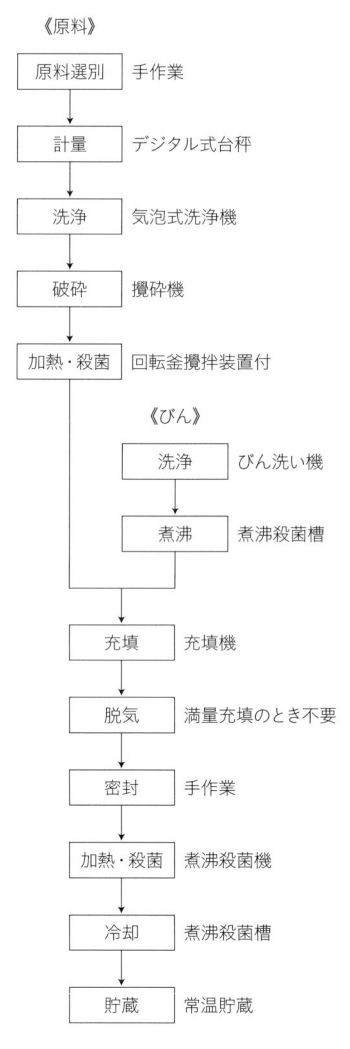

図2-20) ジャムの製造工程と必要な加工機器

《原料》
原料選別 — 手作業
計量 — デジタル式台秤
洗浄 — 気泡式洗浄機
破砕 — 撹砕機
加熱・殺菌 — 回転釜撹拌装置付

《びん》
洗浄 — びん洗い機
煮沸 — 煮沸殺菌槽

充填 — 充填機
脱気 — 満量充填のとき不要
密封 — 手作業
加熱・殺菌 — 煮沸殺菌機
冷却 — 煮沸殺菌槽
貯蔵 — 常温貯蔵

勧めたい。ただ，直火式の場合は底部に直接熱があたるから，撹拌をこまめにやる必要があり，手間がかかる。その手間からみると間接加熱式のほうがよいのかもしれない。間接加熱もガス式と蒸気式の場合がある。ガス式の間接加熱の場合，二重構造の釜の間にグリセリンが入っている。グリセリンは熱しやすく冷めにくい。グリセリンをまず温めて，内壁を温めるやりかたである。グリセリンを介して全体に熱を伝えることになるから，長時間加熱するものについては，非常にすぐれた加熱効果を発揮する。火を切ってもすぐに温度が下がらない。面積も

写真2-44）回転釜［大山田農林業公社］

大きいし同じ温度だから焦げつかない。スープなど長時間加熱するものに向く。ところがジャムのように砂糖の吸収をよくする必要のある加工品の場合，火を切ったときにすぐに温度が下がらないものよりは，すぐに熱が下がるほうがよい。同じ間接式でもボイラー式はグリセリンの代わりに蒸気が入る。蒸気式の場合は蒸気を切るとすぐに熱が下がる。この点で直火式に近いから，ジャムのような糖分吸収をよくしたいものには向いている。ガス式の直火釜に近いのが蒸気式の間接釜だ。ただ，ガス式は最初なかなか温度が上がらない。一方の蒸気式は温度が上がるのも速い。

あん（餡）の場合は銅釜の打ち出しを使う。銅は熱伝導にすぐれていてすぐに温度が上がる。さらに，打ち出し釜だから表面積が普通の釜よりも大きくなっているため加熱は早く，火を落とすと一気に温度も下がる。あんこづくりに銅釜を使っているのは温度変化の対応がよく，糖分の吸収がよくなることによる。糖分の吸収からみて，直火式がジャムにはすぐれている。ジャムの場合は，短時間に仕上がるほうが色も鮮やかになる。

ケトルミキサーの内側の材質は鉄，ステンレス，アルミニウムがある。真っ黒にして表面が黒くなっている鉄はさびを防止するために，最初に導入したときには薄い油被膜をつけるための作業に手間が必要になることがある。ステンレスは油がうまく広がらず炒め物では焦げつきやすい。これに比べるとアルミニウムは焦げつきは少ないが，熱に弱く歪みや傷つきやすい特徴がある。釜本体は15年くらい耐久性があるとしても，内側のアルミニウムは5〜7年でのメンテナンスが必要になるようだ（鈴木修武，『食用油の使い方』より）。

充填機

専用の自動充填機が必要だが，農村加工の場合は一般の食品工場と違って一日の製造量も少なく，また，年間の稼働日数も少ないため，ジャムのように粘度も糖度も高いものを充填する場合は，何より分解洗浄の容易なステンレス製の機器（道具）を選定することが大切である。

脱気殺菌槽

　ジュースと同じだが，殺菌したびんに充填する。やり方は2つある。上にスペースをあける程度に充填するか，満量充填するかの2つ。満量充填にする場合には脱気はいらないが，スペースがあいている場合は脱気が必要。せいろで蒸気脱気するか，殺菌槽で蒸気殺菌するか煮沸殺菌するかである。蒸気で脱気する場合は，半開きふたでも水が入らないが，湯で行なう場合は1段積みしかできない。当初ジュース加工のプランニングをしたときは，イニシャルコストがかかるので，ガス式の消毒殺菌槽を導入した。ただガスの消毒槽でびんを殺菌したり，脱気したりするのは時間がかかる。しかも脱気の場合は半開きで水が入るので段重ねができないため，1回にできる量が限られる。ボイラー式にして殺菌庫をいれれば，時間的に早くて効率がいい。お湯を使わないから節水にもなる。脱気も水につける必要もないから何段でも重ねることができる。作業効率を上げるにはやはりボイラーは必要である。ガスよりボイラーのほうが燃焼効率もよい。あとは稼働率であろう。

●レイアウト
　　―前処理工程と作業動線

　表2-19に，ジャムの加工所の加工機器一覧の例を，また図2-21に加工施設のレイアウト例を示した（「食品加工総覧」第1巻より）。

表2-19）ジャム加工機器一覧（例）

機器名	備考
○プラスチック手付ざる	47型65L
○キッチンスケール	1kg
○手持ち屈折計	N-2E（Brix28〜62%）
○ステンレス製ボウル	φ420
○しゃもじ	木製650mm（ぶな）
○手押し車	
○自動台秤	SA-3
○食器棚	HC-126
○パンラック	HP-97
○2槽シンク	HS2-187B
○作業台	HM-189W
○プレハブ冷凍庫	FS-1905CL
○プレハブ冷蔵庫	RH-1905CM
○煮沸消毒槽	HBD-96G
○スチーマーボックス	5段，網500角，ガスボイラー
○ハンドヒーター	L（φ87）350W/100V
○根菜洗浄機	GW-4TV
○リンゴ皮剥き器	手動式
○リンゴ割り機	足踏み式
○合成調理機	KCS-8
○ガス回転釜	KGS-15

[Ⅵ] ジャム

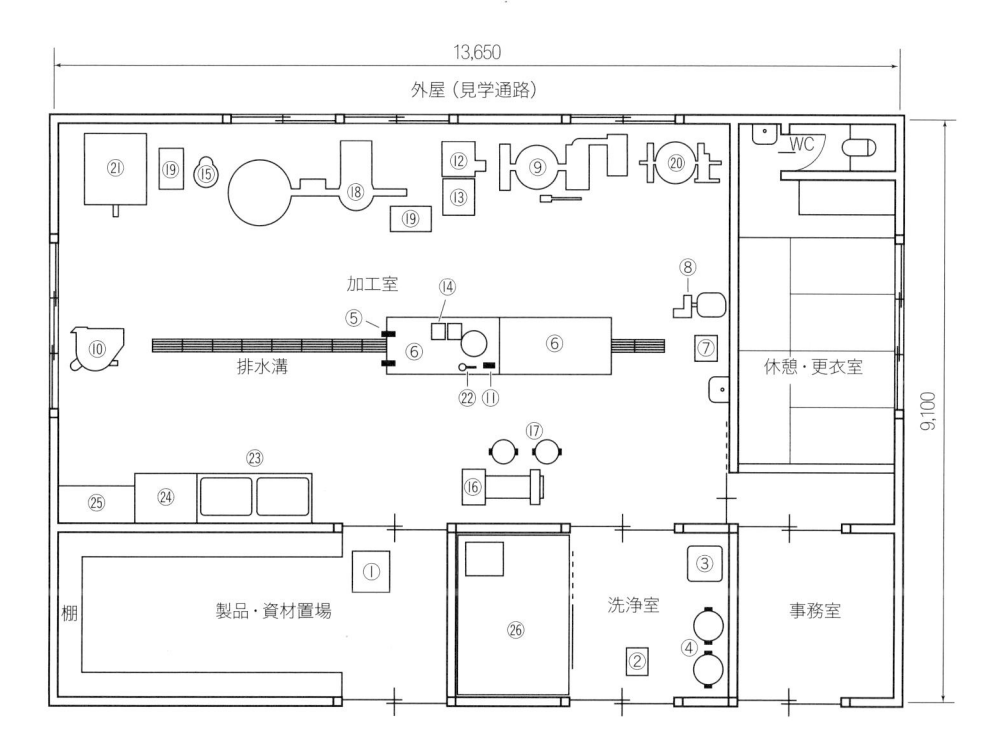

①手押し車, ②自動台秤, ③根菜洗浄機, ④プラスチック手付ざる, ⑤リンゴ皮剥き器, ⑥作業台, ⑦リンゴ割り機, ⑧合成調理機, ⑨真空ケトルミキサー, ⑩自動ボイラー蒸気配管, ⑪手持ち屈折計, ⑫スチーマーボックス, ⑬1型用移動ラック, ⑭デジタル上皿秤, ⑮スクリューキャッパー, ⑯パルパー, ⑰ステンレス製寸胴タンク, ⑱AFC型コンベア充填機, ⑲びん用テーブル, ⑳ケトルミキサー, ㉑殺菌槽, ㉒ハンドヒーター, ㉓2槽シンク, ㉔パンラック, ㉕食器棚, ㉖プレハブ冷蔵庫

図2-21) ジャム加工所レイアウト例

[Ⅶ] もち

●カビ対策を基本とした機器選択と施設設計

　もちの製造工程を図2-22に示す。

　もち製造の留意点は，カビをいかに避けるかということに尽きる。製品として送り出してから消費されるまでのカビの発生を防ぐことに努力が傾注される。ここではもちのカビ対策にふれておきたい。ただ，農村加工の場合，搗きたてをほとんど時間をおかずに食べるという条件があるのであれば，カビ対策もおのずと変わってくる。もちの販売範囲を限定することで，つくり方も売り方も変わってくる農村加工の例もある（「食品加工総覧」第4巻より）。長距離輸送を前提にしない，地産地消の農村加工では，もち加工も変わるということである。

　カビ対策ではまず原料の精白米の管理がある。カビの進入経路となる米の保管場所は，加工室とは仕切る必要がある。さらに原料米は水から遠ざけておくことも大切だ。作業の便をはかってもち搗機の近くや調理場に長時間にわたって保管しないことである。洗米や浸漬の水は床に流さず直接外へ出すのが理想的だ。これについては新潟県の食品研究所での研究蓄積があるので参照されたい（「食品加工総覧」第4巻より）。

　大手の食品工場の切りもち加工では無菌真空包装が行なわれている。農村加工所の場合は，無菌ルームはないから真空包装にしたらいいと安易に考えないことだ。真空包装は完全ではない。過信しないことが大切だ。安全・安心で無添加の食品は雑菌にやられやすいことでもある。お客は安全

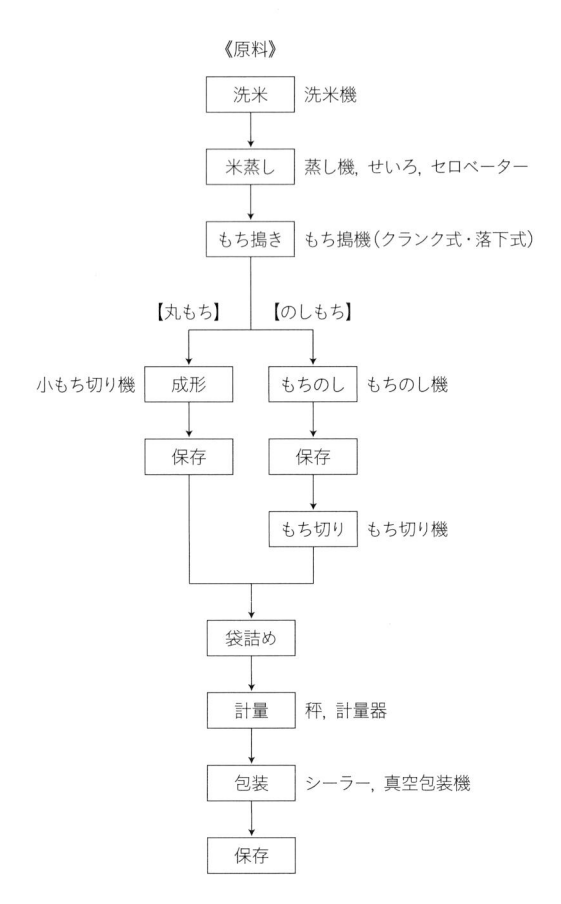

図2-22）もちの製造工程と必要な加工機器

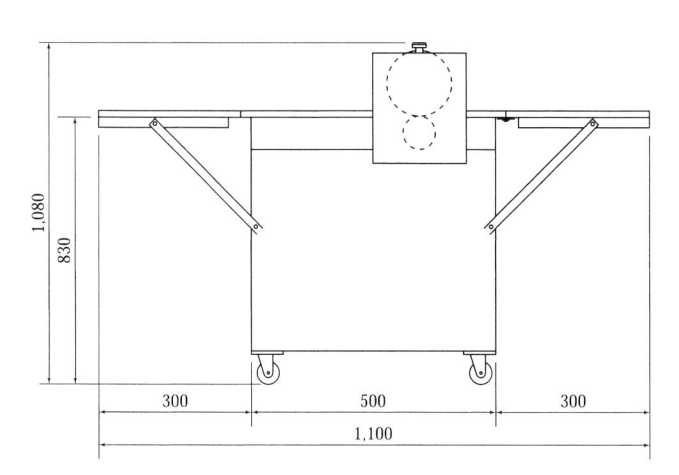

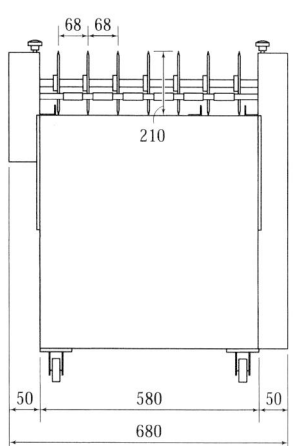

図2-23) 大切り機（WK-S型）[甲賀もち工房]

でなおかつ保存性はいいものと思い込んでいる。開封後ですら保存性に無頓着であり，過信している消費者もいるので，農村加工所の商品の場合とくに注意を喚起する必要がある。大手食品工場の場合は無菌ルームで，無菌のもちを無菌の容器に入れて真空包装にしていることを忘れてはいけない。また，脱酸素剤が普及してきているが，脱酸素剤は幾分かの空気がなければ効

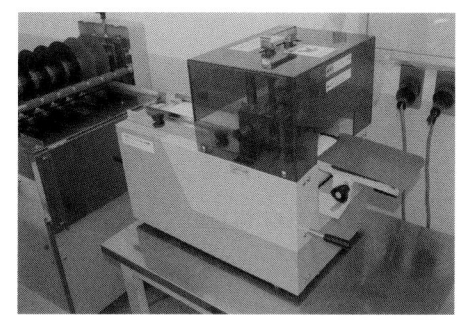

写真2-45) 卓上型とぼ切断機 WK-T20[甲賀もち工房]

果が少なく，真空包装する場合には真空度を低くすることが必要である。最近はこの真空度合を調節できる真空包装機もある（味噌の項，真空包装機を参照）。

◉製品コンセプトと機器選択――もちの切り方で特長を出す

　角もち（切りもち）は通常，のしてから切る。この常識に従って，ある加工施設の設計をし，施設の原案と設備機器の導入原案をつくって提案した。もちの加工は珍しいことではないので，ほとんど原案どおりでいけると思っていたところが，加工グループから異論が出た。結局原案を白紙に戻して組み直すことになった。当方としてはたいへんなのだが，加工の主体となるグループの意見が活発に出るほど加工事業はうまくいく。この例のグループもその後の活動は活発に続いている。

　異論というのはもちの切り方をめぐるものだった。加工グループの意見はもちを薄くのしてから切るのではなく，カステラのように成形してから切るという点にあった。薄くのしてから切ると，

写真2-46) 木枠がはずせるもち成形器の工夫 [大山田農林業公社]

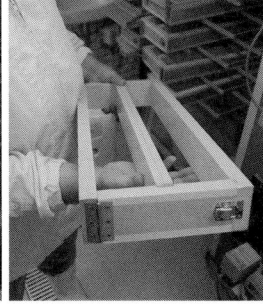

表面のざらつきが目立つがこの方法であれば，切断面が大きくなり，表面がきれいに揃い，ぴかっとして，商品としての価値も高まるというものであった。

　加工グループの意見は，加工販売の現場に立つ者としての感性が垣間見えるものである。こうなると当方としても力が入る。さっそく，計画の変更に合わせて，まず糯米2升5合が入る「ばんじゅう」という型枠でもちを成形することにし，これをカステラのように切っていくために機械メーカーといっしょに開発にとりかかった。その結果出来上がったのが図2-23にある大切り機である。大切り機でカステラ状に切ったもちを写真2-45の「卓上型とぼ切断機」で1枚1枚に切っていくのである。

　卓上型とぼ切断機からさらにもちの成形器についての工夫（写真2-46）も生まれている。写真にあるように木製の成形器は解体できるようになっており，もちの取り出しが容易にできる仕かけになっている。これなら前述の大切り機は不要である。

●もちづくりに必要な加工機器

　図2-22の製造工程に基づく2〜4kg/回のもち加工機器は以下のとおりである。

洗米機

　麹の項（27ページ）参照のこと。

蒸し機

　標準は1臼で2升というのが多いので，1臼ごとに蒸せる2〜2.5升入りのせいろのものが作業性の点ですぐれている。せいろは木製が望ましい。蒸気の発生装置はステンレス蒸し機を使うと，効率よく蒸米作業ができる。これは自動給水式となっているため空炊きの心配もないし，沸き上がりも早く燃費も助かるからである。セロベーター（せいろ昇降機）を使うと蒸し上がった順に下から取り出せるのでなお都合がよい。

もち搗機

もち搗機には杵搗機(写真2-47),ミキサー,練出し機などの種類がある。最近は杵搗機が使用されることが多い。一般的に杵搗きもちはコシが強いもちになる。ミキサーによるもちはよくのびるもちになり,練出し機では軟らかいもちとなる。それぞれの方式により特徴のあるもちとなる。

杵搗機は杵の動き方から2つに分かれる。単純に上下の落下運動で臼の底まで搗きぬく落下式と,クランクによって臼の底につく手前で引き上げることができるクランク式がある。

もちの生産量は,1回に臼で搗く量と回数によって決まる。1臼2～2.5升を約3分間で搗くのが,最近のもち搗機の性能である。これを何回繰り返すかによって加工所での生産量は決まる。

表2-20にもち搗機をリストしてみた。1回当たりの米の量と落下式かクランク式かが選択のポイントである。

表2-20)もち搗機の選択(例)

社名	型式	能力	特長
中井機械工業(株)	小型全自動もち搗機	5合～2升/回	
	クランク式全自動もち搗機	1～4升/回	SUS製
	落下式全自動もち搗機	2～4升/回	クランク式に比べよりコシの強いもちに仕上がる
渡辺工業(株)	自動もち搗機 WK-202型	1～3升/回	
	自動もち搗機 WK-103型	1～4升/回	
	胴搗落下型 WK-315D型	1～3升/回	クランク式に比べよりコシの強いもちに仕上がる
(株)品川工業所	クランク式自動もち搗機ハイパワー飛島 ANT-L型	5合～6升/回	
	落下式自動もち搗機スーパーやまと ANT-G型	3～4升/回	クランク式に比べよりコシの強いもちに仕上がる

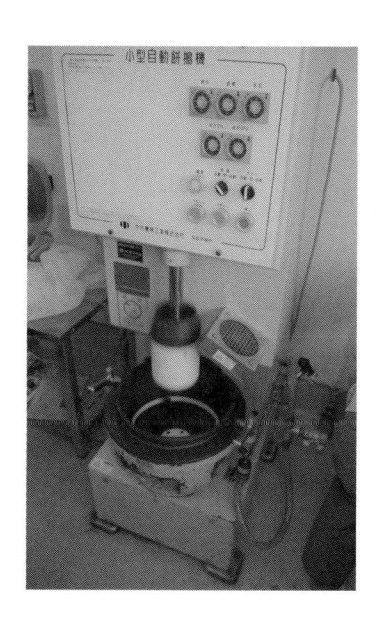

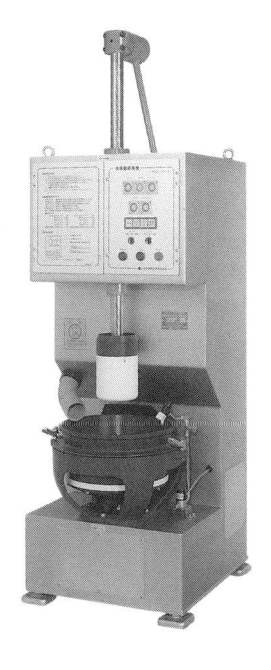

⑥写真2-47)
もち搗機(クランク式もち搗機)
[大山田農林業公社]

⑥写真2-48)
クランク式全自動もち搗機

のしもち

●もちのし機

　もちのし機は，搗き上がったもちを所定の位置に置くと，上からのし板が下りてきて圧力で押し延ばす方式となっている。もちのし作業は少量の場合は，機械にたよらずとも従来のようにのし板とのし棒とで手作業でも対応できる。

　表2-21にもちのし機をリストしてみた。のし時間と寸法が選択のポイントである。

表2-21）もちのし機の選択（例）

社名	型式	能力
渡辺工業（株）	のしもち成形機 WK-P400型	のし板寸法 400mm×600mm（2升用） のし時間 30〜50秒/回

●もち切り機

　もち切り機はのしもちを所定の位置に置くと，回転刃により縦・横に切れ目を入れる構造になっている（写真2-49）。切り寸法は回転刃間の寸法によって決まる。回転刃間の寸法は変更可能であるが手間がかかるため，一定の寸法で統一するほうが望ましい。

　もちのし作業は，少量の場合は手作業でも十分対応可能だが，もち切り作業は手作業の場合硬くなってからでないと切れない。少量でもキツイ作業となるため機械を導入するほうが望ましい。

　また，とぼ切断機（写真2-50）でカステラ状に成形されたもちを切断する方法もある。この場合には切断面がきれいに揃う。

　余談だが，この種のカッターを利用して岐阜県の山岡町では，細切り寒天のカッターに使っている。回転する刃の部分に上から細いトコロテン状になった乾し寒天を落として切断するのである。

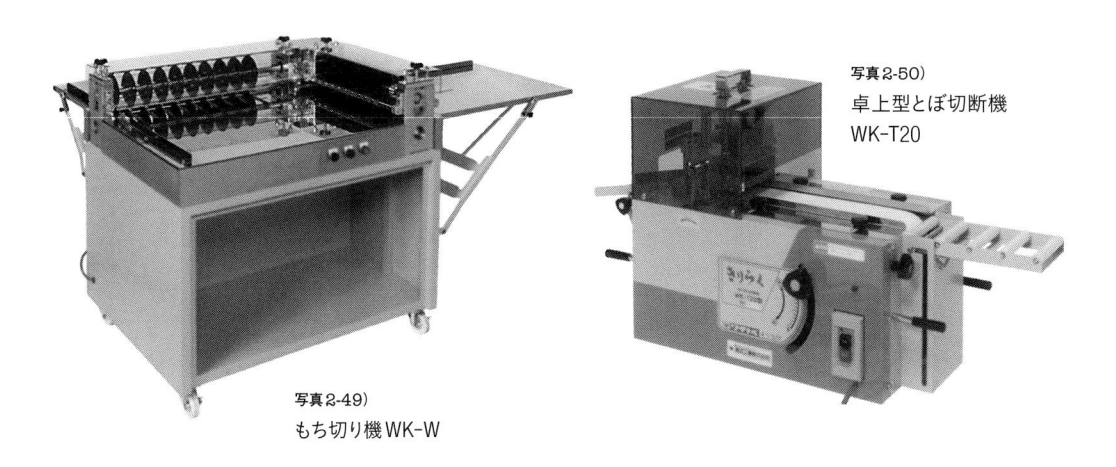

写真2-49）
もち切り機WK-W

写真2-50）
卓上型とぼ切断機
WK-T20

卓上型とぼ切断機の性能は1分間に60枚で、もちの高さは最大60mm、厚さは25mmまで可能となっている。

表2-22にもち切り機をリストしてみた。切断面積、厚さの調整、縦横の長さ調整が選択のひとつのポイントである。

表2-22)もち切り機の選択(例)

社名	型式	能力	特長
渡辺工業(株)	のしもち角切カッターWK-S型（シングルタイプ）	切断面積 450mm×630mm	のしもちを丸刃カッターで所定の大きさにカットする。一方のみの切断のため、切断寸法は縦・横同じになる
		切断厚さ 0mm〜20mm	
		切断能力 のしもち5〜6枚/分	
		丸刃カッター数 11枚	
		切断幅寸法 Min30mm	
	のしもち角切カッターWK-W型（ダブルタイプ）	切断面積 450mm×630mm	L型にカッターが設置されているため縦・横とも希望の寸法で切断することができる
		切断厚さ 0mm〜20mm	
		切断能力のしもち 8〜10枚/分	
		切断幅寸法 Min35mm	
	卓上型とぼ切断機WK-T20型	切断横幅 0mm〜110mm	カステラ状に成形されたもちを所定の厚みでカットする。送り込みのコンベアースピードを変えることにより、切断厚さは自在に設定できる。切りもち(角もち)用やかきもち用の切断に使える
		切断高さ Max60mm	
		切断厚さ 0mm〜25mm	
		切断枚数 60枚/分	

丸もち

●小もち切り機とターンテーブル

搗き上がったもちをホッパーに入れるとスクリューに押し出され、口金から出たところで量目を調整される。カッターにより丸もちにカットされてターンテーブルに落下したあと付属のファンで粗熱をとり、薄皮を形成した後、手作業で容器に取り入れる。丸もちの成形作業を効率よく行なえる機械である。18ページでも述べたが、この機械で一定量のもちがカットできる点に目をつけて大福もちの生地の計量に応用している。小もち切り機で定量にカットされた生地を手に取り、平たくのばしてあんをくるんでヒット商品の「よもぎあんもち」づくりの効率化につなげている。

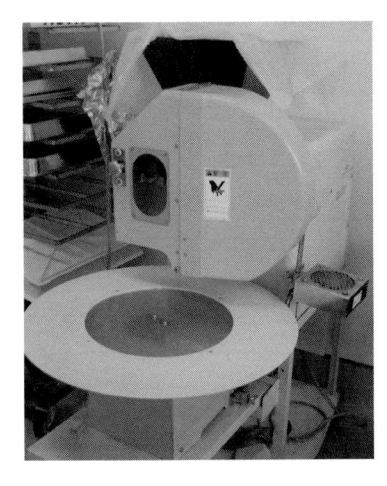

PART② 加工品に応じた機器の選択とレイアウト

写真2-51)
小もち切り機とターンテーブル
[大山田農林業公社]

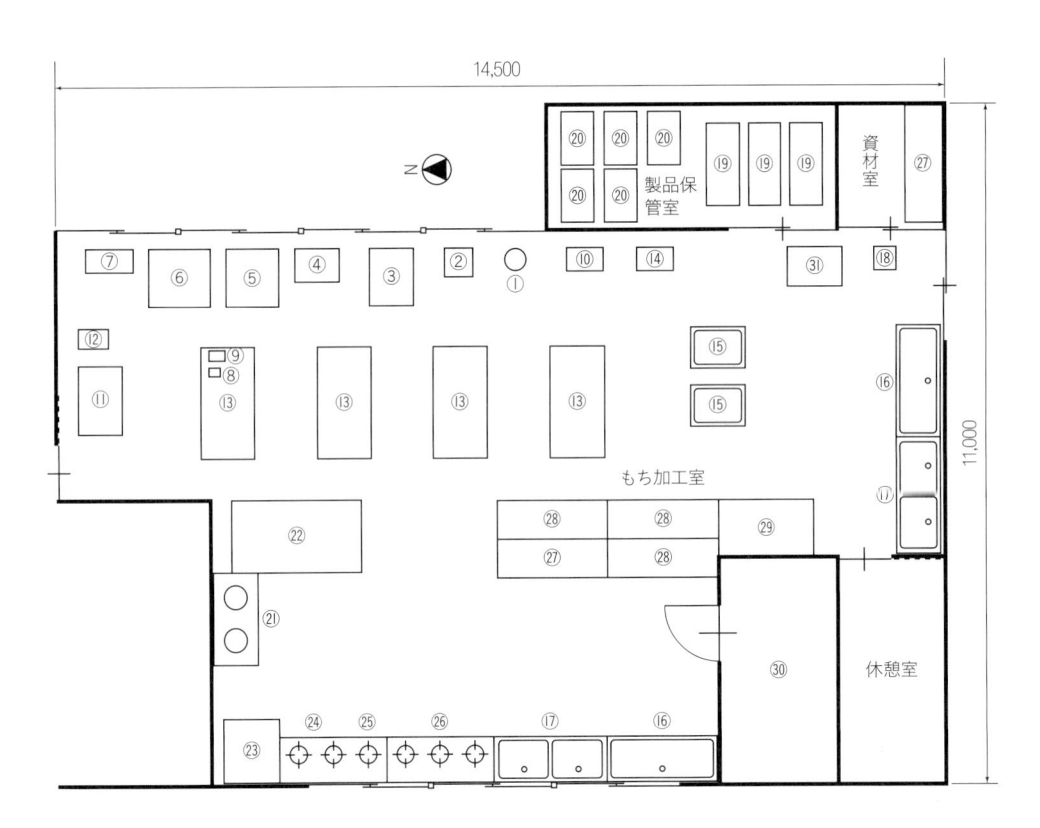

①水圧洗米機, ②ステンレス蒸し機, ③自動もち搗機, ④自動均一丸もちカッター, ⑤のしもち成形機, ⑥自動のしもち角切りカッター, ⑦丸型成形機, ⑧上皿秤1kg用, ⑨上皿秤4kg用, ⑩卓上とば切断機, ⑪小型真空包装機, ⑫足踏み式シーラー, ⑬作業台, ⑭除菌用薬剤噴霧機, ⑮浸漬水切り兼用タンク, ⑯1槽シンク, ⑰2槽シンク, ⑱上皿秤50kg用, ⑲食パン兼用ラック, ⑳トンボラック, ㉑業務用炊飯器, ㉒自動反転機(かきもち焼き機), ㉓コンベクションオーブン, ㉔ガス台付コンロ, ㉕圧力鍋, ㉖ガス台付コンロ, ㉗パンラック, ㉘食器戸棚, ㉙業務用冷凍庫, ㉚プレハブ冷蔵庫, ㉛L型運搬車

図2-24) もち加工所レイアウト(当初案) [甲賀もち工房]

[Ⅶ] もち

●レイアウト

　当初のレイアウトが図2-24である。もちの加工所で最も気をつかうのはカビ対策だ。それには風通しをよくすることである。蒸気は速やかに抜ける構造がよい。空気を媒介にする菌の汚染を考えると，空気の入り口にはフィルターが必要であろう。図2-25はもちをのして切ることを前提にした設計である。図2-25が最終のレイアウトで，これは大切り機を念頭においてのものとなった。
　当初のレイアウトとは，1槽シンクの位置が変わり，作業動線もまったく反対に流れる配置となった。

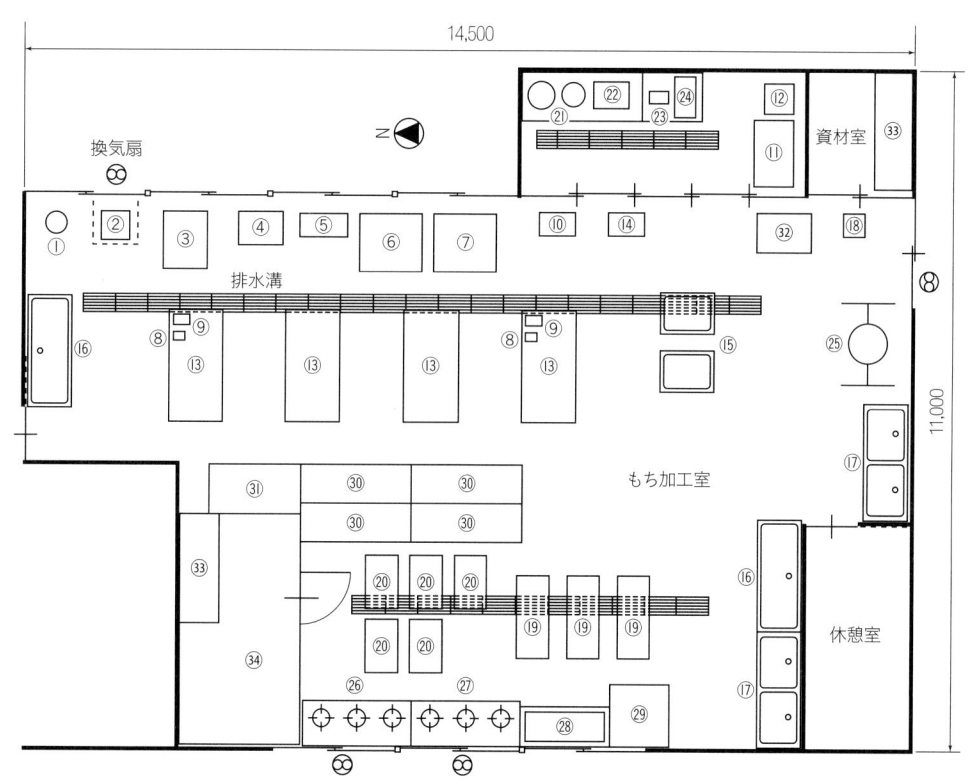

①水圧洗米機，②ステンレス蒸し機，③自動もち搗機，④自動均一丸もちカッター，⑤丸型成形機，⑥のしもち成形機，⑦自動のしもち角切りカッター，⑧上皿秤1kg用，⑨上皿秤8kg用，⑩卓上とぼ切断機，⑪小型真空包装機，⑫足踏み式シーラー，⑬作業台，⑭除菌用薬剤噴霧機，⑮浸漬水切り兼用タンク，⑯1槽シンク，⑰2槽シンク，⑱上皿秤50kg用，⑲食パン兼用ラック，⑳トンボラック，㉑業務用炊飯器，㉒業務用電子レンジ，㉓ラベルプリンター，㉔ポリスター，㉕ガスクッキングケトル，㉖圧力鍋ガス台付コンロ，㉗ガス台付コンロ，㉘ガス赤外線グリラー，㉙コンベクションオーブン，㉚食器戸棚，㉛業務用冷蔵庫，㉜L型連搬車，㉝パンラック，㉞プレハブ冷蔵庫

図2-25）もち加工所レイアウト（改訂案）［甲賀もち工房］

この加工所が導入した加工機器一覧を表2-23に示した。

●もちをベースにした加工品の展開と導入機器

もちは、農村加工の場合では、惣菜と菓子の中間に位置するものである。最近はもちにあんを入れた大福の加工が増えている。大福も最初はあんを業者から仕入れていたが、このごろでは自家製あんのところが増えてきた。大福で特徴を出そうとすれば自家製あんとなるのは自然な成り行きである。実際、食品機械業界の関係者に聞いても、あん炊き器が売れているようだ。

あんを炊くにはやはり銅製の釜がいいようだ。熱しやすく冷めやすいという条件が必要らしい。これは砂糖の溶け方にかかわるのではないかと思う。熱伝導率がよいと、すぐに加熱できて、火を止めると速やかに熱がとれる。こうした条件が砂糖の甘さに関係するようだ。専門の製あん所では、釜を銅製にしている場合が多い。しかも釜の表面はでこぼこしたものにして表面積を多くし、熱伝導をしやすくしている。

表2-23）もち加工導入機器一覧［甲賀もち工房］

当初案	最終案
○水圧洗米機	○水圧洗米機
○ステンレス蒸し機	○ステンレス蒸し機
○自動もち搗機	○自動もち搗機
○自動均一丸もちカッター	○自動均一丸もちカッター
○のしもち成形機	○丸型成形機
○自動のしもち角切りカッター	○のしもち成形機
○丸型成形機	○自動のしもち角切りカッター
○上皿秤1kg用	○上皿秤1kg用
○上皿秤4kg用	○上皿秤8kg用
○卓上とぼ切断機	○卓上とぼ切断機
○小型真空包装機	○小型真空包装機
○足踏み式シーラー	○足踏み式シーラー
○作業台	○作業台
○除菌用薬剤噴霧機	○除菌用薬剤噴霧機
○浸漬水切り兼用タンク	○浸漬水切り兼用タンク
○1槽シンク	○1槽シンク
○2槽シンク	○2槽シンク
○上皿秤50kg用	○上皿秤50kg用
○食パン兼用ラック	○食パン兼用ラック
○トンボラック	○トンボラック
○業務用炊飯器	○業務用炊飯器
○自動反転機（かきもち焼き機）	○業務用電子レンジ
○コンベクションオーブン	○ラベルプリンター
○ガス台付コンロ	○ポリスター
○圧力鍋	○ガスクッキングケトル
○ガス台付コンロ	○圧力鍋ガス台付コンロ
○パンラック	○ガス台付コンロ
○食器戸棚	○ガス赤外線グリラー
○業務用冷凍庫	○コンベクションオーブン
○プレハブ冷蔵庫	○食器戸棚
○L型運搬車	○業務用冷蔵庫
	○L型運搬車
	○パンラック
	○プレハブ冷蔵庫

この加工所の場合、加工参加人員は7名で、もちの加工は冬期に集中しているが、夏場の加工では、やきもちやうす焼きせんべい、ヨモギ入りあんもち、おこわなどを加工している。通年加工を実現しており、もち加工機器をベースにしてうす焼きせんべい焼き器を新たに導入して、やきもちや薄焼きせんべいを加工し、回転煮釜、自動均一丸もちカッターや蒸し機を使ってヨモギ入りあんもちをつくっている。

さらに2006（平成18）年には工場を近くのあき工場に移転し、新たに自家製粉用の米粉製粉機を導入し、従来の糯米の粒を中心にした加工から米粉やもち粉製品の開発にも積極的に取り組み、

表2-24) 小もち切り機の選択（例）

社名	型式	能力	特長
中井機械工業（株）	小もち切り機とターンテーブルセンサー付き	Max200kg/h 小もちの大きさ10〜70g（口金交換必要）	
渡辺工業（株）	自動均一丸もちカッターWK-CN型	150kg/h 小もちの大きさ70〜90g（ノズル交換必要）	ターンテーブル本体収納式
（株）品川工業所	つぶぞろいRC-1	50個/分，60gのもち 小もちの大きさ40〜80g	
	つぶぞろいミニRCS-1	40個/分，40gのもち（口金交換必要） 小もちの大きさ30〜50g（口金交換必要）	

米麺や米粉たいやき，米粉スイーツを製品化し販売している。

表2-24に小もち切り機をリストしてみた。時間当たりの処理能力と口金やノズルの構造が選択のポイントである。

大福もち

大福もちの製造工程を図2-26に示す。

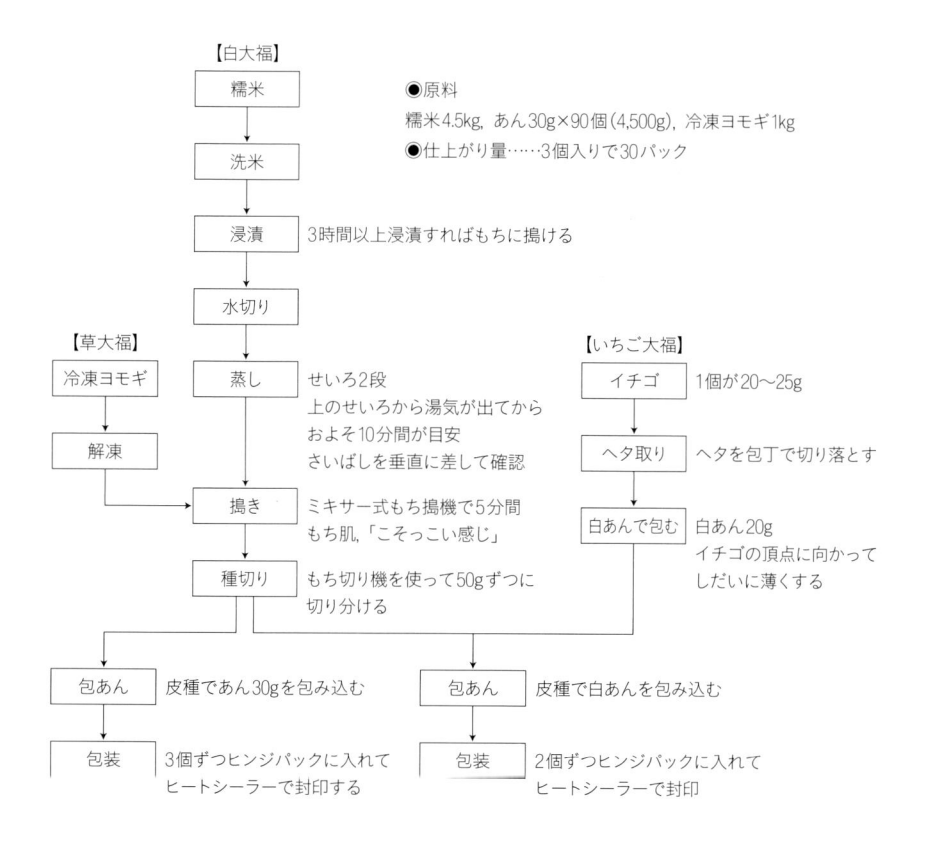

【白大福】
糯米 → 洗米 → 浸漬（3時間以上浸漬すればもちに搗ける）→ 水切り → 蒸し（せいろ2段、上のせいろから湯気が出てからおよそ10分間が目安、さいばしを垂直に差して確認）→ 搗き（ミキサー式もち搗機で5分間、もち肌、「こそっこい感じ」）→ 種切り（もち切り機を使って50gずつに切り分ける）→ 包あん（皮種であん30gを包み込む）→ 包装（3個ずつヒンジパックに入れてヒートシーラーで封印する）

●原料
糯米4.5kg, あん30g×90個(4,500g), 冷凍ヨモギ1kg
●仕上がり量……3個入りで30パック

【草大福】
冷凍ヨモギ → 解凍 → （搗きへ合流）

【いちご大福】
イチゴ（1個が20〜25g）→ ヘタ取り（ヘタを包丁で切り落とす）→ 白あんで包む（白あん20g、イチゴの頂点に向かってしだいに薄くする）→ 包あん（皮種で白あんを包み込む）→ 包装（2個ずつヒンジパックに入れてヒートシーラーで封印）

図2-26) 大福もちの製造工程[ふるさと餅工房おりづる]

PART② 加工品に応じた機器の選択とレイアウト

● 小もち切り機とターンテーブル

前述。

● もち切り機

「もち切り機」(みのる産業製の「まるちゃん」)，写真2-52は，最初に計量して50gの大きさをつかんでおけば，これにあわせて，ほぼ同じ大きさに皮種を切り分けていくことができる。切り口の上についている小型のホッパーに，搗き上がったもちを入れハンドルを回すと切り口に出てくるので，これを50gに見合う大きさに切り取っていけばよい。一人作業には効率を上げるすぐれた道具である。

写真2-52) 丸もち定量切断機を大福もちの種切りに応用する
[ふるさと餅工房おりづる]

◉レイアウト──味噌を組み込む場合

　もちは農村加工では味噌と組み合わせたいという希望が多い。なぜかといえば味噌は熟成製品であり，販売できるようになるまで数か月は必要になる。一方もちは日銭が入るので，この両者を組み合わせると経営効率はよくなるからだ。どちらも農家の冬の加工活動としてやりやすいし，この2つを確保していると経営も安定しやすいからだ。

　ただ，設備からいえば，もちと味噌はいっしょにやってほしくない品目だ。味噌は麹カビを扱い，もちはカビを嫌うからだ。同じ加工所内での作業は本来好ましくない。どうしてもいっしょにつくる場合は加工室を壁できっちり仕切ることが必要である。さらに，味噌加工時期は，もち加工時期と重ならないようにするのが望ましい。

[Ⅷ] 豆 腐

●豆腐加工の特徴と機器選択

豆腐の製造工程を図2-27に示す。

●農村加工ならではのこだわりの豆腐づくり

ニガリの選択

　豆腐の味はニガリの選択と大豆の品種によって決まるといってもいい。豆腐の出来上がりのポイントは，凝固時の温度と凝固剤の種類にある。凝固する温度は70〜80℃が適温であり，凝固剤としては天然ニガリが最高である。適温になったときに，天然ニガリを数秒のうちに全体に打って広げる技術が必要だ。ただこれには熟練技術を要する。温度管理がきちんとできて天然ニガリを的確に打つことができれば，歩留りはそれほどよくなくとも，固形分と水がきっちり分離した硬い，味の深い豆腐が出来上がる。その代わり温度管理がうまくないと固まらない。大規模な食品工場では，失敗するとこわいから天然ニガリは使いにくい。

　天然ニガリに替わるものが，グルコノデルタラクトン（グルコノ）であり，これを使うと温度管理が厳密でなくても固まるし，水分を含んで製品歩留りもよくなる。その代わり，どこにでもある代わり映えのしない豆腐になってしまう。ニガリの選択も，要は作業の効率性をとるか味にこだわるかという点に帰着する。

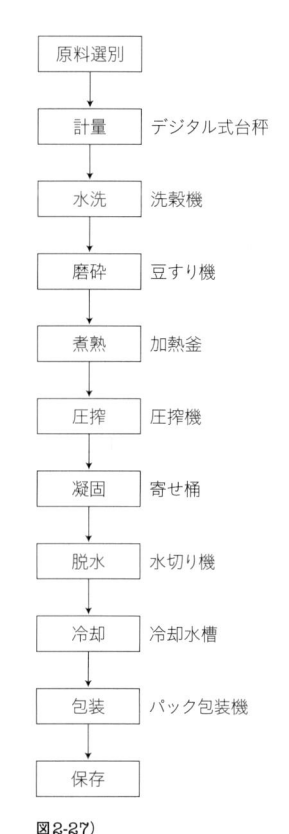

　豆腐屋の廃業が多いのは，スーパー出荷をめざして生産量を大規模にするという事情もある。後継者に引き継ぐには大規模にやらないといけないと思うから，どうしても歩留りよく管理のしやすいグルコノを使うことになる。その代わり味はどこにでもあるものになってしまう。結局残っていけないという悪循環だ。

図2-27）
豆腐の製造工程と必要な加工機器

原料選別	
計量	デジタル式台秤
水洗	洗穀機
磨砕	豆すり機
煮熟	加熱釜
圧搾	圧搾機
凝固	寄せ桶
脱水	水切り機
冷却	冷却水槽
包装	パック包装機
保存	

大豆の品種

　豆腐の味を決めるいまひとつの要素が大豆の種類である。外国産大豆を使っていては味では競えない。以前のことだが，機械栽培に合うようにということで，背の低い刈り取りしやすい品種に変えたところ，客から味が落ちたといわれたそうだ。ただ国内産の大豆については，現在の水準なら大豆の品種による豆腐の味の違いはほとんどないといってもよい。むしろ国産大豆をどう確保するかが課題となっている食品企業が多いようだ。

　ねらいめはこだわりのある豆腐づくりであり，これは農村加工のよさを生かせる部分である。また豆腐の味は水のよしあしでも決まる。だからうまい豆腐づくりは地域の水環境がよいことをもPRすることになる。これにも注目したい。

　また，最近はおからの出ない豆腐が評判になっている。おからという廃棄物を出さずに環境にやさしい点でも今後増えていくと思われる。

　豆腐製造に欠かせない機器は，豆すり機と煮釜と搾り機である。あとの設備はどのようにも代用できる。

●豆腐・豆乳加工品の展開と機器選択

　問題はどうやって売るかだ。加工所をつくるというハード設計の面もあるが，なんといっても販売戦略が大事である。

　豆腐は元来日配商品であり，保存性がよくないから，豆腐料理屋として現地で食べさせる工夫など販売方法の検討がどうしても必要である。この日配性を補い売上額を確保する方法としては，フライヤーの利用による油揚げやがんもどきの製造がある。少量であればフライパンや鍋などでも可能だ。

　都市近郊で菓子の需要が見込めるようなら，豆乳を利用して，それにブドウ糖や寒天，ゼラチンなどを加えて固め，プリン状にした冷菓などもおもしろい。豆乳には良質なタンパク質・アミノ酸，それに機能性成分も含まれているので，健康食品として売り出してもよいかもしれない。揚げ物室があるのなら，菓子類製造の許可をとって，副産物のおからを利用した，かりんとうやドーナツなどもつくることができる。

　またボイラーの熱を利用するボイル槽を設ければ，豆乳から湯葉も製造できるし，またその豆乳を販売することも考えられる。ただ豆乳の販売には清涼飲料水製造業の許可が必要となる。工程はジュースに順ずるのでジュースの項をご覧いただきたい。

●豆腐づくりに必要な加工機器

　1日の原料大豆使用量が15～20kgほどなら，原料の質や技術によって歩留りに幅があるとはいうものの，だいたい400gの木綿豆腐が100丁できる計算である。週に3回製造すれば年間約150日。これを1丁200円で販売すれば1日2万円で年間300万円になる。以下，図2-27の製造工程に基づくこの程度の規模の加工機器選択について紹介する。

●導入機器について

豆すり機

　豆を水挽きするときに使う豆すり機の能力は大きいほうがよい。豆を挽く能力が小さいものでは，引き水の量を増やさないと豆を挽くのに機械に負担がかかるうえに，何より時間がかかってしまう。能力としては三相200Vのものを選択することが必要になる。豆すり機に余力がなければ，水挽きして出来上がる生呉の濃さをコントロールできなくなる。全体の加工量と品質，作業の能率を考えたときに決定的なのは，豆すり機の能力の見極め方であると考えている（写真2-53）。

間接加熱釜

　ポイントの2つ目は，煮釜である。煮釜はぜひステンレス製にしたい。アルミ合金製もあるが，アルミ合金製の釜は焦げつきやすく，あとの洗浄に手間がかかるので，加工の意欲が大きくそがれる。さらに加熱は直火でもよいが，焦げつきを防ぐ間接加熱釜が好ましい（写真2-54）。

搾り機

　加熱した生呉を豆乳とおからに分離するのが搾り機である（写真2-55）。搾り機には手動式と油圧式がある。1回の搾り量が少ない場合は手動式でもよいが，手動式の場合は搾り方に

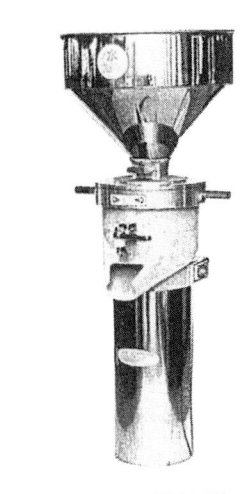

写真2-53）豆すり機

写真2-54）クッキングケトル

写真2-55）搾り機

よってムラもあるため，予算が許せば油圧式が望ましい。そして，豆腐の凝固に最も重要な影響を与えるのが，搾られた豆乳にニガリを打つ温度と攪拌とその後の温度管理である。そのため豆乳を受ける容器（寄せ桶）は，保温されのちの作業性を考えてもキャスター付が望ましい。

冷却水槽

豆腐の品質を保持するために，低温が望ましいが，常温の場合でも常に新しい水に入れ替わるオーバーフロー付きの水槽（写真2-56）が必要である。

●レイアウト
―フライヤーや資材倉庫の位置

豆腐製造に必要な機器は表2-25に，1日に15〜20kg程度加工する加工所のレイアウトは図2-28に示した。豆腐の製造工程の順に機器を配置する。水槽は固まってまだ温かい豆腐を素早く冷やすために必要で，これが短時間でできるかどうかで，豆腐の旨味と保存性が違ってくる。

写真2-56）オーバーフロー付きの水槽

表2-25）豆腐加工導入機器一覧

機器名	特長
○ボイラー	100キロボイラー・200V
○豆すり機	0.75kW・200V
○煮釜（呉タンクを含む）	100L
○手搾り機	1回40L
○寄せ桶（台車付）	凝固用・50〜100L
○箱平型布付きおよび台	木綿用・絹ごし用各1
○水槽	製品冷却用
○手動包装機	1時間200丁
○フライヤー	油40L・熱源プロパン

①ボイラー
②豆すり機
③煮釜
④搾り機
⑤箱平台
⑥水槽
⑦フライヤー

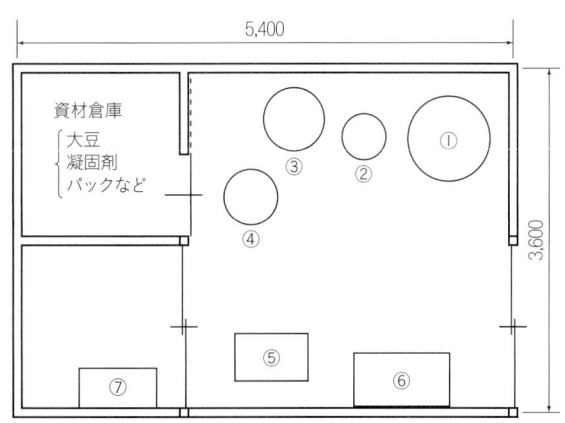

図2-28）豆腐加工室レイアウト

揚げ物室

　加工の幅を広げるのに，フライヤーを置いた揚げ物室を設ける方法がある。これは，先述したように油揚げやがんもどきなどの豆腐の加工品をつくることを考えてのことである。油で揚げるという工程があるので，豆腐製造室とは仕切りが必要になる。豆腐製造は熱を嫌うことから，フライヤーからの熱が豆腐製造室にまわらないようにすることが必要である。

　油揚げは一般の豆腐製造と温度の設定や豆乳濃度などに違いがあるが，基本的には豆腐製造の機器を同じように活用してつくることができる。厚揚げやがんもどきは出来上がった豆腐の二次加工品といえるもので，豆腐製造の合間の手のあいたときに行なう。

　厚揚げの場合は，1槽のフライヤーでつくることができるが，油揚げの場合には2槽のフライヤーが必要になる。手揚げの油揚げは，市販のものより軟らかくおいしいものができる。おでんや煮物に欠かせないがんもどきも木綿豆腐の二次加工品で，業務用に高い需要がある。

豆腐の二次加工品

　厚揚げも，がんもどきも，できたての豆腐より，1日たったもののほうがおいしくできる。少し余るくらい豆腐をつくったとき，あるいは豆腐が余ってしまったときには，その豆腐を使って翌日に二次加工すればよいので，豆腐が無駄にならない。揚げ物室のスペースは初めから確保しておくとよい。

　また，資材倉庫も大切な施設で，ネズミが入らないことはもちろん，原料の大豆の品質を損ねないようにしておく必要がある。またニガリなどの添加物の使用規則があって，基準が守られているかどうかも保健所はチェックするので，ここに計量器などを備えつけておく。

ショーケースの活用

　冷蔵庫代わりのショーケースは，残ってしまった場合や翌日配達する分，夕方買いに来る客の分をとっておくためのものである。1日の製造量が100丁程度であれば，製品を外から見ることのできるショーケースでよい。1日に原料大豆で60kg，豆腐400丁くらいの規模になれば，2坪程度の冷蔵庫はぜひ備えておきたい。さらに処理能力2t規模の浄化槽も備えるようにしたい。

[IX] そ ば

●そばの特徴と機器選択

そばの製造工程について図2-29示す。

玄そばを石臼で挽く

そばは，つなぎを入れずに100％で打っても麺になるようにするには，殻と実の間にあるグルテン分を残すように脱皮する必要がある。きれいに殻を除いて丸抜きした玄そばによってグルテン分も生かすことができる。きれいに脱皮し，石臼にかけてきれいなそばにするには，そば殻のまわりに付着している泥などを取り除く玄そば磨機や，粒度をそろえる玄そば選別機などの段階をふむ。粒度がそろうと脱皮機でもきれいに殻が取れるものである。臼挽きの製粉も大切だが，石臼で挽くまでの前処理も重要なのである。

金臼での製粉は熱をもちやすいので，そば粉がだんごになることもある。熱をもちにくい石臼はこの点で，すぐれている。原料の玄そばを受け入れたら，まず石抜き機を使って石などの異物を除去する。その後に玄そばを磨き，再度石抜きを通して選別してから，皮を剥く。選別機は大小中のすき間を通すことで粒度をそろえる。

丸抜きにする意味

なぜ丸抜きにするか。粉からこだわる必要がある。石臼挽きにこだわりたい。そばには多少なりといえどもグルテンがある。これが100％そば粉でも捏ねればつながる理由でもあるのだが，これがそばの殻と実の間にある。これを取り出すために丸抜きそばにする必要がある。石臼でなく通常の金臼式製粉機で殻と粉に分けるやり方では，グルテンが殻のほうについて粉のほうからは除

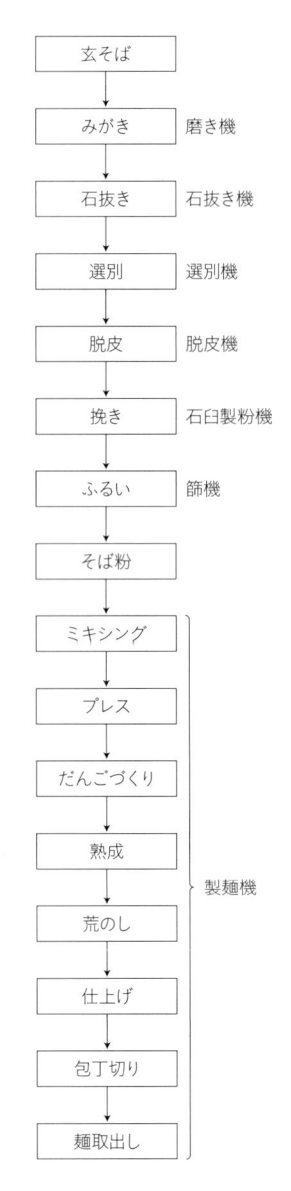

```
玄そば
  ↓
みがき    磨き機
  ↓
石抜き    石抜き機
  ↓
選別     選別機
  ↓
脱皮     脱皮機
  ↓
挽き     石臼製粉機
  ↓
ふるい    篩機
  ↓
そば粉
  ↓
ミキシング ┐
  ↓      │
プレス    │
  ↓      │
だんごづくり │
  ↓      │
熟成     ├ 製麺機
  ↓      │
荒のし    │
  ↓      │
仕上げ    │
  ↓      │
包丁切り   │
  ↓      │
麺取出し  ┘
```

図2-29)
そばの製造工程と
必要な加工機器

かれてしまう。これでは100％そば粉でそばを打ってもつながりにくくなってしまう。脱皮してから石臼で挽くようにするとグルテンをそば粉の中に取り込むことができる。昔の田舎そばは，脱皮せずに殻も取り込んで製粉していたためつながりにくく，色も黒かった。新そばを丸抜きして100％そば粉で打ったそばはうすくみどり色をしているものである。

◉そばづくりに必要な機器

図2-29の製造工程に基づくそば加工機器は以下のとおりである。

石抜き機

そばに交じった石などの異物を取り除く。

玄そば磨機

そばの表面についている泥などを除く。そばの表面処理を行なう機械。

そば選別機

選別機で3～4段階くらいに選別し粒度をそろえる。粒度がそろわないと脱皮が不十分になる。殻についてグルテンが取れてしまう。石臼での挽き具合もそろわないことになる。そばそのものでつながるようにするには殻だけとって表面にあるグルテン分でつながるようにしたい。

玄そば脱皮機

粒度のそろった玄そばを脱皮して，丸抜きをつくる。いかに丸抜きをつくるかが，そば粉の出来具合に大きく影響する。

電動石臼製粉機

石臼のため製粉時に熱が発生しても石臼が吸収するので品温を上げずに製粉することができる。金臼式の場合は製粉時の熱を吸収できず，そば粉が熱をもってしまう。製粉中に熱をもつかどうかで，出来上がりのそばの風味や品質に大きな違いがある。

篩機

製粉されたそば粉を一定粒度でふるい分けする。振動式など目詰まりを防ぐように工夫されている。ふるい分けは手作業で可能だが，作業性を考えると電動篩機は不可欠である。

表2-26にそば用製粉機および関連機器をリストしてみた。時間当たりの処理能力と臼の材質が選

PART② 加工品に応じた機器の選択とレイアウト

表2-26) そば用石臼製粉機の選択(例)

社名	型式	能力	特長
(株)国光社	玄そば石抜き機SS-7	200kg/h	
	玄そば磨機SK-160N	20～30kg/h	
	玄そば選別機SG-1000R	20kg/h	4段階選別
	玄そば脱皮機SP-30M	25～35kg/h	インペラ式
	電動石臼製粉機JC-400SW 電動篩SN-370N付	2～5kg/h	石臼直径φ40cm, 御影石
	電動石臼製粉機JN-400SW 電動篩SN-370N付	2～5kg/h	石臼直径φ40cm, 安山岩
(株)日高製粉機製作所	玄そば石抜き機SS-1	100kg/h	
	玄そば磨機RE-330	80kg/h	
	玄そば選別機HS-627	45kg/h	4段階選別
	玄そば脱皮機IA-MF	30kg/h	
	電動石臼製粉機HSM-16	3kg/h	石臼直径φ48.5cm, 蟻巣石
	篩機HS-450-I	20kg/h	角型
宝田工業(株)	C型自動篩付製粉機	5～30kg/h	金臼式
	二段篩中型	15～20kg/h	
	二段篩大型	20～30kg/h	

写真2-57)
玄そば石抜き機SS-7
[マキノ追坂峠]

写真2-58)
玄そば磨機SK-160N
[マキノ追坂峠]

写真2-59)
玄そば選別機SG-1000R
[マキノ追坂峠]

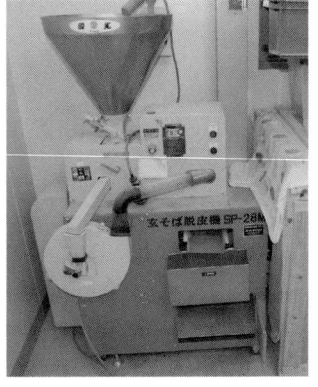

写真2-60)
玄そば脱皮機SP-28M
[マキノ追坂峠]

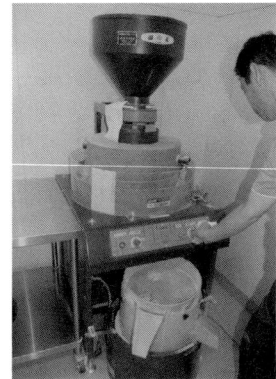

写真2-61)
電動石臼製粉機NC-500SW
[マキノ追坂峠]

択のひとつのポイントである。

製麺機

ニーダーとローリングプレス，製麺機が一体になった形式のものがコンパクトにまとまって小さな加工施設には便利である。

●レイアウト

表2-27にここで取り上げた加工所が導入した加工機器一覧表を，また図2-30に加工施設のレイアウトを示した。レストラン付随型を考えた設計である。

表2-27) そば加工導入機器一覧 [マキノ追坂峠]

	機器名	特長
〈製粉室〉	○トーミー	電動式
	○石抜き機	中型
	○玄そば磨き機	
	○玄そば選別機	
	○玄そば脱皮機	
	○石臼製粉機	1尺6寸
	○自動篩付製粉機	二段篩・中型
	○万能粉砕機	大型
	○電動篩	中型・二段式
	○コンプレッサー	
〈製麺室〉	○デジタル式台秤	MTX-30
	○手打ち麺機	M-305（AP-6型）
	○トンボラック	
	○2槽シンク	
	○ステンレス作業台	キャスター付き
	○食器戸棚	

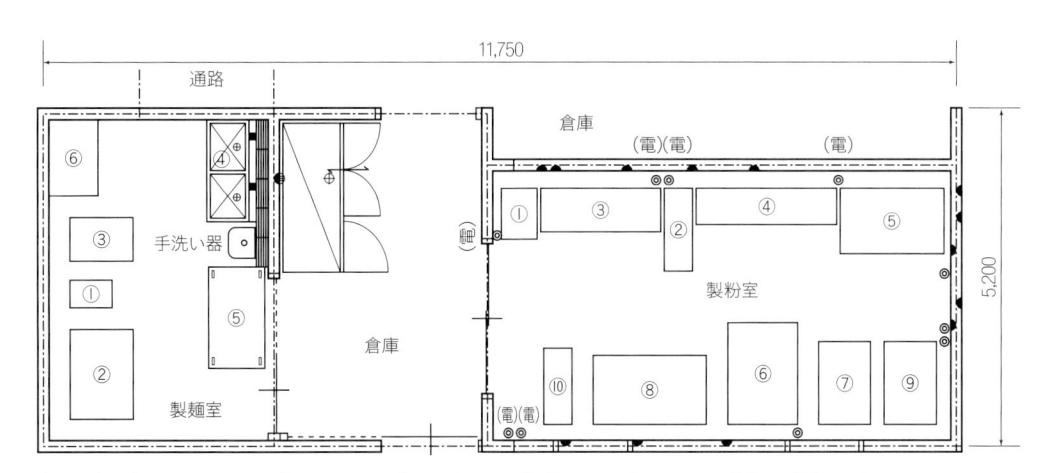

〈製麺室〉①デジタル式台秤，②手打ち麺機，③トンボラック，④2槽シンク，⑤ステンレス作業台，⑥食器戸棚
〈製粉室〉①トーミー，②石抜き機，③玄そば磨き機，④玄そば選別機，⑤玄そば脱皮機，⑥石臼製粉機，⑦自動篩付製粉機，⑧万能粉砕機，⑨電動篩，⑩コンプレッサー

図2-30) そば製麺室，製粉室レイアウト [マキノ追坂峠]

PART② 加工品に応じた機器の選択とレイアウト

[X] 惣　菜

●原料となる農産物のブランド化

　惣菜はつくりやすいが特徴づけがむずかしい。農家の取り組む惣菜は，その土地でとれるもの，自分が栽培しているものだけを素材にしてブランド化する。原料生産者がそのまま弁当や惣菜をつくっていることに大きなメリットと特徴があるといえるので，この点をアピールするものがメイン品目になるだろう。旬のものを新鮮なまま供給できる利点を生かして，季節感のある，農家がそこで栽培しているものを食材にとりこんで惣菜とする。条件があるなら，テイクアウトの惣菜づくりではなく，その場で食べる農家レストランが理想的である。

●惣菜づくりに必要な加工機器

煮物

●回転釜
　熱源や加熱の方法，材質や釜の容量により各種ある。熱源はガスか蒸気か，加熱の方法は直下か間接加熱か。また，釜の材質にはステンレス，アルミ，鋳鉄がある。調理する物と量により選定する。最も標準的なものは，ガスか蒸気のステンレス製直火釜である。

●強火のバーナー（業務用ガスレンジ）
　強火で味のつけられるものを備えたい。ハイカロリーのものがさまざまに対応がきく。ガスレンジは，業務用として各種のメーカーから発売されている。オーブンレンジ付ガスレンジを勧めるのは，焼き物，煮物，加熱調理など幅広い調理に対応できるからである（写真2-62）。

　表2-28に回転釜をリストしてみた。間接加熱か直火式か，釜の材質が選択のポイントである。

写真2-62)
ガスレンジ［甲賀もち工房］

表2-28）回転釜の選択（例）

社名	型式	能力	特長	備考
服部工業（株）	ガス回転釜GHS	水入量36〜190Lまで各種	外釜，内釜SUS（ステンレス）	ガス式直火釜
	ガス回転釜GHT	水入量36〜140Lまで各種	外釜鋳鉄，内釜SUS	ガス式直火釜
	クッキングケトルJK-40	水入量40L	特殊オイルによる間接加熱で焦げつきにくい	ガス式間接釜
	クッキングケトルJK-60	水入量60L	特殊オイルによる間接加熱で焦げつきにくい	ガス式間接釜
	クッキングケトルJK-100	水入量100L	特殊オイルによる間接加熱で焦げつきにくい	ガス式間接釜
三浦工業（株）	回転式蒸気釜RTK-S	水入量50〜599Lまで各種	外釜，内釜SUS	蒸気式間接釜
	回転式蒸気釜RTK	水入量50〜599Lまで各種	外釜SS，内釜SUS	蒸気式間接釜
（株）サムソン	回転式蒸気釜EK	水入量50〜530Lまで各種		蒸気式間接釜

写真2-63）ガス回転釜GHT　　写真2-64）クッキングケトルJK 　　写真2-65）回転式蒸気釜RTK

揚げ物

●フライヤー

　素材原料を揚げる量とフライヤーの容積（大きさ）は比例する。5kgの材料を揚げるのであれば，フライヤーも5L程度の容量が必要になる。大きすぎると必要以上の油を加熱するので廃食油が多くなる。小さすぎると温度が低下しやすく，おいしく揚がらない。小さなフライヤーの場合にはこまめに揚げて油の回転率を上げるとよい。フライヤーでの揚げ物にはぜひデジタル温度計を備えたい。実験によれば，揚げ種によっては油の温度が20〜25℃も下がるという結果もでているから，デジタル温度計などを使って油の温度管理はきちんとすべきだろう。ちなみにデジタル温度計を勧めるのは，フライヤーについている温度設定装置にはダイヤル式が多く，使い込むと狂いが出やすいからでもある（鈴木修武，『食用油の使い方』より）。

表2-29にフライヤーをリストしてみた。使う油量とガスの消費量が選択のひとつのポイントである。

表2-29)フライヤーの選択(例)

社名		型式	油量	消費量	特長
〈ガス式〉	(株)マルゼン	MGF-18J	18L(1槽式)	0.62kg/h(LPガス)	13～40Lまで各種あり
		MGF-18WJ	18L×2(2槽式)	1.24kg/h(LPガス)	13L×2～30L×2まで各種あり
	(株)コメットカトウ	CF2-GA18	18L(1槽式)	0.68kg/h(LPガス)	13L～27Lまで各種あり
		CF2-GA18W	18L×2(2槽式)	1.36kg/h(LPガス)	13L×2～23L×2まで各種あり
〈電気式〉	(株)コメットカトウ	CF2-E18	18L(1槽式)	6.0kW	10～27Lまで各種あり
	ニチワ電機(株)	SEFD-18K	18L(1槽式)	6.0kW	13～27Lまで各種あり
		SEFD-18KW	18L×2(2槽式)	6.0kW×2	13L×2と18L×2の2種類あり

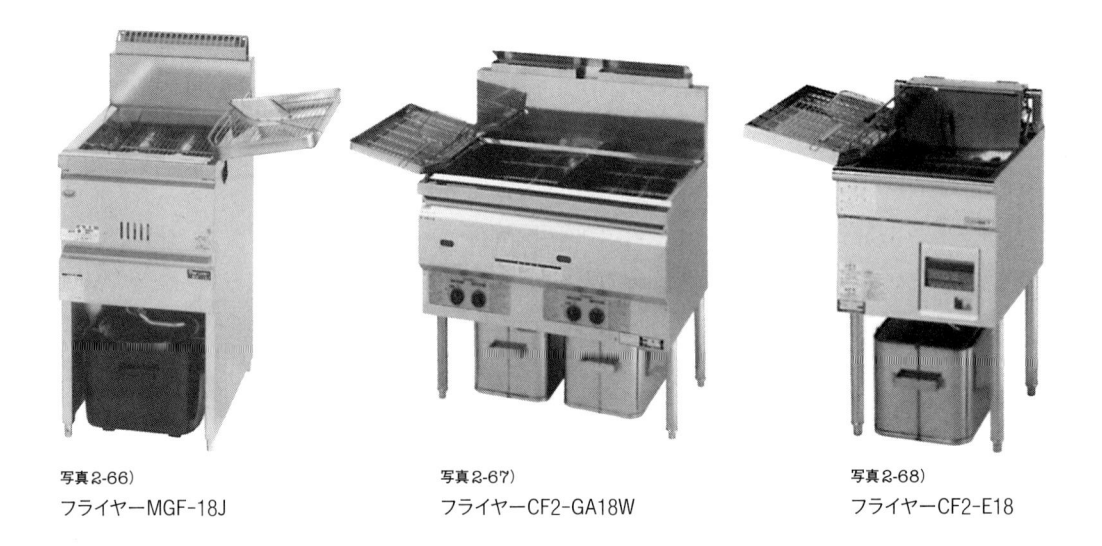

写真2-66)
フライヤーMGF-18J

写真2-67)
フライヤーCF2-GA18W

写真2-68)
フライヤーCF2-E18

炒め物

●炒め機

炒め物に使う調理機械を，鍋の形状や調理方式から分けるとおよそ4つに分けられる。攪拌機付き炒め機，エスカルゴ型炒め機，カップ型炒め機，鍋型炒め機である。

攪拌機付き炒め機は，加熱攪拌機，煮炊き攪拌機，煮練攪拌機(ニーダー)などと呼ばれている。鍋は動かずにパドルやリボン形の攪拌機によって炒め攪拌する構造になっている。比較的温度が高く，炒めたり香りをつけたり，味つけの強い素材を扱う場合に向くが，パドルやリボンと鍋の間に挟まれた素材が潰される欠点がある。

エスカルゴ型炒め機は，水平のバーナーの上で渦巻き状の鍋が回転しながら素材を加熱する仕組みだ。素材は鍋の外周から中心部に集められるが，鍋の回転によって再び外周へ散らされる。中についているパドルによって攪拌も行なわれるようになっている。炒め鍋が水平状態で回転することにより，炒め油が素材に均一に偏りなく，高温で加熱された鍋に落ちるので炒め具合がすぐれている。鍋の構造上，洗浄に手間がかかるのが欠点である。

　カップ型炒め機は，数kgの調理量となる小規模調理の場合に多く導入されているものである。鍋の内側に材料を持ち上げるパドル，ミキシングプレート，板や突起物を数か所取りつけてあるものが一般的だ。鍋は一定の方向に回るが，攪拌の効果をあげるために，一定時間で反転する仕組みになっている。素材をパドルや板で持ち上げて攪拌する。鍋は上向きのまま回転するので素材は底にたまりやすいので味のバラツキや加熱ムラが生じやすい欠点がある。ふたのついている機種では鍋自体の傾斜角度が自由に変えられることもあり，ふたのない機種よりも多少欠点を補うことができる。

　3〜5kgの調理量に向く小型炒め機のメーカーとしては，ニチワ電機，フジマック，MIK，三栄などがある（鈴木修武，『食用油の使い方』より）。

●レイアウト
　——多品目少量加工に堪える施設

　表2-30にここで取り上げた加工所が導入した加工機器一覧を，また図2-31に加工施設のレイアウトを示した。
　惣菜の加工施設は，基本的に多品目少量加工に堪える施設を想定して設計されている。

表2-30）惣菜加工導入機器一覧
[JA草津あおばな館]

〈漬物・惣菜加工室〉	○デジタル式台秤
	○水洗タンク
	○スライサー
	○フライヤー
	○ガスレンジ
	○業務用炊飯器
	○業務用炊飯器専用台
	○せいろ
	○ステンレス作業台キャスター付
	○業務用冷凍冷蔵庫
	○2槽シンク
	○パンラック
〈包装室〉	○業務用真空包装機
	○水物用シーラー
	○デジタル式ポータブルスケール
	○オートシーラー
	○ポイントシーラー
	○ワークテーブル
	○ステンレス作業台キャスター付

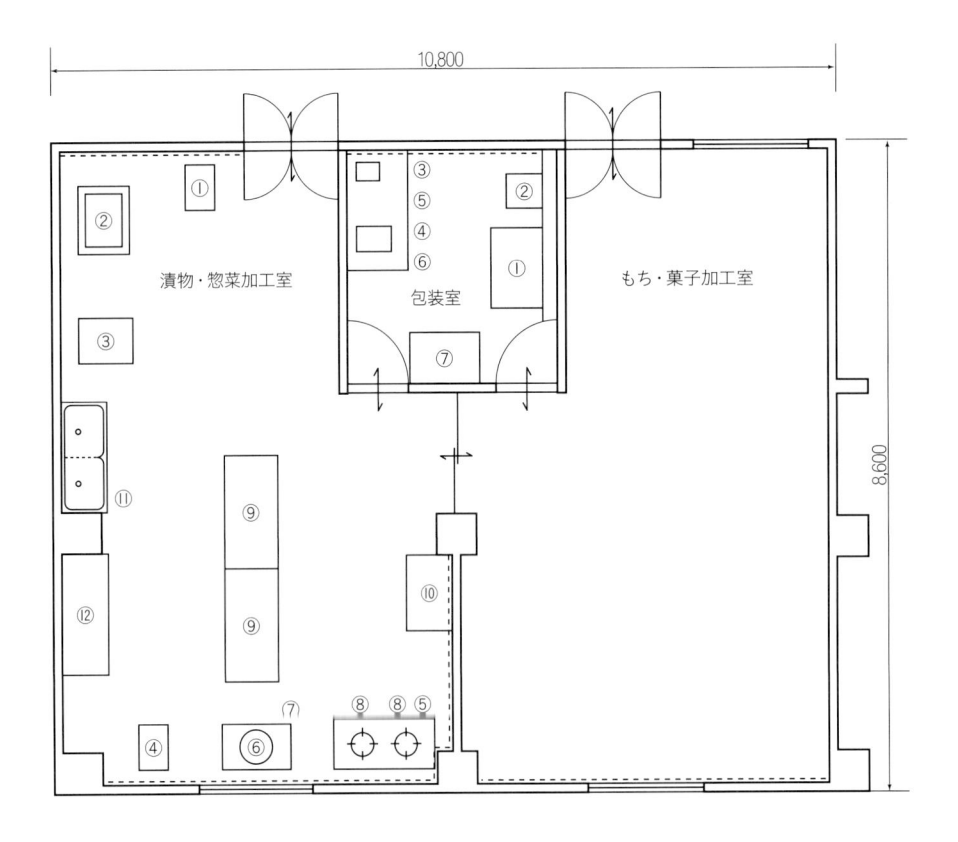

PART② 加工品に応じた機器の選択とレイアウト

〈漬物・惣菜加工室〉 ①デジタル式台秤，②水洗タンク，③スライサー，④フライヤー，⑤ガスレンジ，
⑥業務用炊飯器，⑦業務用炊飯器専用台，⑧せいろ，⑨ステンレス作業台キャスター付，
⑩業務用冷凍冷蔵庫，⑪2槽シンク，⑫パンラック

〈包装室〉 ①業務用真空包装機，②水物用シーラー，③デジタル式ポータブルスケール，④オートシーラー，
⑤ポイントシーラー，⑥ワークテーブル，⑦ステンレス作業台キャスター付

図2-31) 漬物・惣菜加工室，包装室レイアウト［JA草津あおばな館］

[XI] ジュース

●ジュース加工の特徴と機器選択

　ジュースの製造工程を図2-32に示す。

　ジュース加工の決め手は、原料と加熱方法である。搾りたての生ジュースが最高だが、加熱するなら必要最低限の温度で短時間にすませたうえで、保存性もよいものをつくりたいものである。

　農村加工ではとくに原料の見極めがポイントになる。たとえばトマトジュースの加工であれば、原料トマトの生育のどの段階のものを使うかということである。樹上完熟したトマトは、ジュースには適している。太陽の光を浴びて完熟した赤いトマトと、青目で収穫して追熟して赤くしたトマトとでは、ジュースに加工したときに品質に差がでる。とりわけ無添加で調味が少ないものほどその差が歴然とするものである。こうした完熟赤トマトを使って評判になっている農村加工所は多い。

　高山市のあるトマト農家は、いいトマトづくりをする農家だが、トマトジュースは秋につくる。夏の完熟トマトでなく、秋に加工する。夏のトマトは気温も高く水分を多く吸収しているので、秋のトマトと比較すれば味は薄い。秋のトマトは気温も低く水分の吸収も夏の盛りのころに比べて少ないため味が濃い。見てくれは夏のトマトよりも赤みは少ないが、糖度も高く味もよい。これをジュースにする。

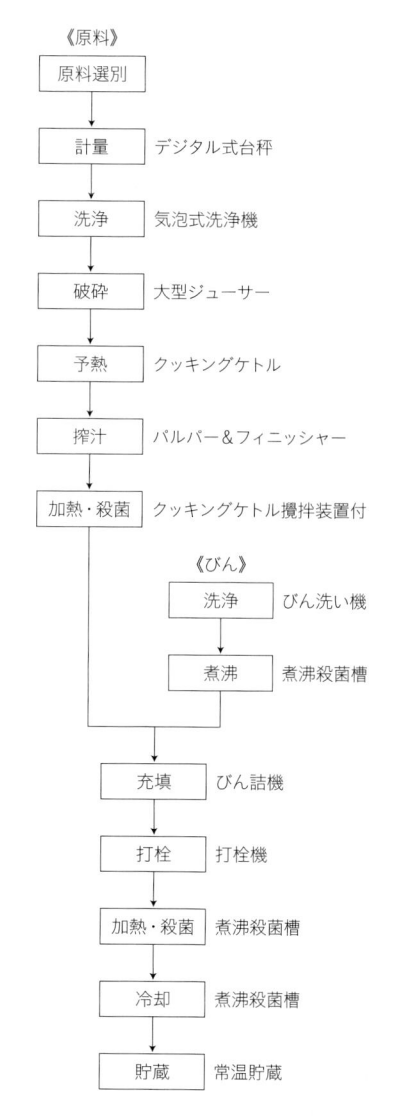

《原料》
原料選別
↓
計量　　　デジタル式台秤
↓
洗浄　　　気泡式洗浄機
↓
破砕　　　大型ジューサー
↓
予熱　　　クッキングケトル
↓
搾汁　　　パルパー＆フィニッシャー
↓
加熱・殺菌　クッキングケトル攪拌装置付
↓
《びん》
洗浄　　　びん洗い機
↓
煮沸　　　煮沸殺菌槽
↓
充填　　　びん詰機
↓
打栓　　　打栓機
↓
加熱・殺菌　煮沸殺菌槽
↓
冷却　　　煮沸殺菌槽
↓
貯蔵　　　常温貯蔵

図2-32）ジュースの製造工程と必要な加工機器

●製品コンセプトの考え方 —— 香り重視ならびん容器

ジュースは，やはりびん詰にこだわりたい。味にこだわる農村加工としては，容器のにおいも気になる。その点びん詰なら容器からの移り香がない。トマトなどは酸味があるから，缶などでは内部にコーティングが施されているために，缶のにおいが移りやすい。

たとえば日本酒の吟醸酒などもびんを選んでいる。しかもできるだけ古いびんがよいといわれる。劣化しているから壊れやすく扱いがやっかいだが，その代わりびんそのもののにおいはほとんどないといってよい。

重くてわれやすいが，やはり容器としてはガラスが最高である。味の農村加工をめざせば，やはりペットボトルや紙容器でなく，びんにしたいものである。しかも色のない透明なガラスびんがよい。消費者は中身を見て決めたいと思っている。トマトの色も収穫したときの条件で違う。当然，仕上がりのジュースの色が微妙に違ってくる。そんなことも確認できるくらいに素材の違いを打ち出せるなら，かえってそれが売りになる。食品企業のように，還元したジュースを出荷に合わせて充填するのでなく，とれたその日に加工し，びんに詰めて貯蔵したうまさを強調すべきだ。

旬のときに加工したものを貯蔵して1年かけて売るというのはいかにも効率が悪いようだが，これこそが農村加工の味をつくり出すものだと考えて取り組むべきだろう。還元ジュースを一次加工して貯蔵し，1年後にびん詰めしたものと，とれたてを加工してその場でびんに詰めたものとでは，味がまったく違うのである。

●ジュースづくりに必要な加工機器

図2-32の製造工程に基づく1Lびん100〜200本/日のジュース加工機器は以下のとおりである。

ジュース加工の工程は，洗って，潰し，搾ったのち，加熱し，充填するというものである。

洗浄機

洗浄機は洗浄する素材によって2通りある。たとえばトマトはヘタをとってしまうとそこから水が中に入り水っぽくなってしまうので，ヘタを取り除かないで洗いたい。このように原料を丸ごと洗うためには気泡式洗浄機(写真2-69)を使う。これはメガネを洗うのと同じ原理で，無数の泡を発生させこの泡の力で，ヘタの間の泥などを洗浄する

写真2-69) 気泡式洗浄機

ものである。これに対してリンゴのような硬いものは，水をシャワーでかけながら，ブラシで洗い落とす方式（写真2-70）のものを使う。リンゴなどは皮が剥けていても問題ないので，このような方式が可能である。

ただし，ニンジンのような根ものは洗浄がむずかしい。土壌菌が含まれている場合は，気泡やブラシだけでは，あとで不都合が起きる可能性もないわけではない。厚く皮を剥くという方法もあるが歩留りの点を考えれば一概にいえないところだ。

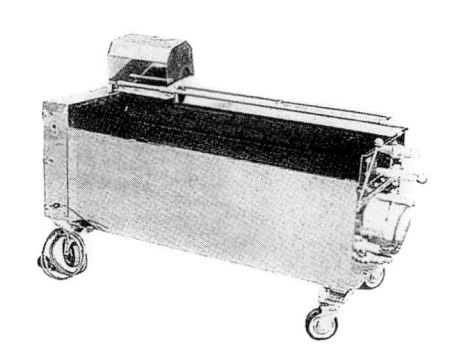

写真2-70) ブラシ式洗浄機 DUWSL75-6

搾汁機および加熱釜

洗浄のあとヘタを取り除き攪砕機にかけて潰す。その後釜にて加熱し，パルパー＆フィニッシャーにかけて搾汁する。さらに，トマトの場合はもう一度仕上げ加熱するので煮釜は2つあると能率が上がる。形式はムラなく一定の温度で加熱できる間接式煮釜が望ましい。二度目に加熱する釜は攪拌羽根のついたものが効率的である。最初に搾る前に加熱するとパルパーの作業効率が上がり，果肉の分離を防ぐことができる。

表2-31にパルパー＆フィニッシャーをリストしてみた。搾汁をパルパーまたはフィニッシャーの1段のみで処理するか，パルパーとフィニッシャーの2段で処理するかがポイントである。パルパーとフィニッシャーの違いは，スクリーンのメッシュの違いによる。

表2-31) パルパー＆フィニッシャーの選択（例）

	社名	型式	能力
パルパー＆フィニッシャー	（株）サンフードマシナリ	HC-PF型（2段式）	200～300kg/h
パルパー	（株）サンフードマシナリ	HC-P型（1段式）	150～250kg/h
フィニッシャー	ヤヱガキF＆S（株）	YF-1（1段式）	

写真2-71) パルパー＆フィニッシャー HC-PF型

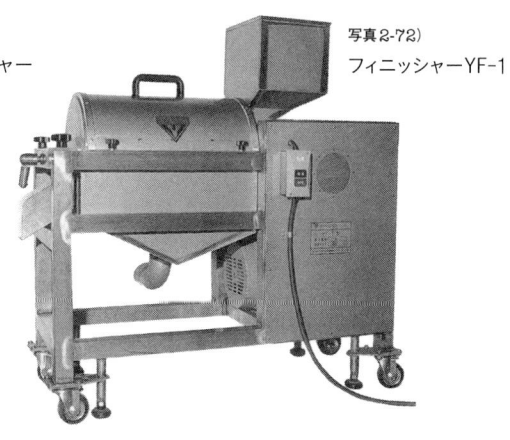

写真2-72) フィニッシャー YF-1

煮沸殺菌槽

　生ジュースを無添加で常温貯蔵するには温度管理が最も重要なポイントとなる。

　殺菌条件については75℃15分とか30分などがあるが，これは原料の糖度とpHによって変える。pH数値が高ければ加熱時間は長くなるし，pH数値が低く酸度が高ければ，加熱時間は少なくてすむ。糖度の場合も同じで，糖度が高ければ加熱時間は少なくてすむ。加熱の温度は低くてしかも短時間ですむし，味もよい。

　充填・打栓後の加熱は，加熱殺菌という意味合いのほかに，満量に近い状態でびんに詰めるときに，びんに付着したジュースを洗い流す意味もある。汚れたところには，カビがつきやすいからである。そうかといってびん詰にするときに満量に近い状態にしないと，空気が入ってしまい，貯蔵中に腐敗の原因となることがある。

　一方で満量充填にこだわりすぎると二次加熱したときにびんが割れる。たとえば液の温度80℃で煮沸の湯が90℃だったら，液の膨張によりびんが割れる。アルミキャップの場合は，アルミが膨張するのでわからないが，単式王冠の場合は，まったくの満量充填だとびんが割れる。そのため完全な満量充填にせずに，びんの口の上の方をちょっと残す(5mm以下)ことにより，空気の層がクッションになって温度が多少上がっても空気が縮んでびんは割れない。私の失敗の経験から，二次加熱をする場合は，完全な満量充填でなくても常温貯蔵は可能である。

　品質をよくするには，加熱したあとは急冷する。これがきっちりできれば，高品質で常温貯蔵が可能になる。生ジュースを無添加で常温貯蔵するには，温度管理が最も重要なポイントになる。

ボイラー式かガス式か

　当初は予算の都合もあり，ボイラー式でないガス式の煮沸殺菌槽を提案して導入してもらったが，蒸気式の殺菌庫に取り換えた農村加工所がある。それはガス式の場合は時間がかかり，水槽内でのびんや製品の加熱殺菌の作業効率がよくなかったため，蒸気式の殺菌庫を導入することになった。この場合はボイラーも新設する必要があり経費がかかったが，作業効率も随分上がり，お湯を使わないから節水にもなり，トータルとして考えた場合，蒸気式の殺菌庫がいいということであった。そこで，最近は予算が許せば蒸気式の殺菌庫を勧めている。これはオプションで冷却シャワー装置もつけられ急冷も可能である。

　なお，製品が完成しても理想的には2～3か月倉庫に貯蔵してから出荷するほうがよい。まれに腐敗することもあるので，倉庫で十分ねかせて品質を点検するためである。

充填機

　ジュースは素材によってその液の粘性が違う。たとえばシソジュースは比較的サラサラしてい

るが,トマトジュースは果肉部分を含んでいる。充填機も手動式,半自動式,自動式があるが,ジュース液のこの粘性によって選定することが最も重要なポイントである。

また,保健衛生上からは,洗浄しやすさも選定の際の重要なポイントである。

打栓機

打栓機には,手動式,半自動式,自動式と各種ある。製造数量により適正な選定をしてもらいたいのだが,手動式の場合は打栓にムラが生じ,打栓不良によるクレームも起こりうるため,半自動式以上の機械にすべきである。

容器については,味を重視するのであれば,びん容器を使用するのが好ましいことについてはすでに述べたとおりである。びん詰の場合,キャップが必要になる。無添加の場合は加熱殺菌が完全であっても,打栓密封が不十分であるとカビやすい。単式王冠なら打栓が最も確実である。

最近人気があるのは,ねじ式のPPキャップである。ところがねじ式はねじの部分にジュースの液が付着しやすく,カビやすい。PPキャップを使う場合は,この部分には手間をかけなければならない。

増えているのは小びんのもので,1回で飲みきれるものである。これならねじ式でなくともよい。プルトップ式のものも多くなった。ただ500cc,200ccなどの小びんも1Lびんも加工の手間は変わらない。もちろん大きいびんほどコストは安く,小さなびんほど割高になることは知っておくべきだろう。

●レイアウト
── 製造室とびん詰室の仕切り

表2-32にここで取り上げた加工所が導入した加工機器一覧を,また図2-33に加工施設レイアウトを示した。

一般の食品企業では,ふつうは製造後にタンクに貯蔵し,出荷の時点でびん詰にするからこれでよい。ところが農村加工の場合には,製造したその日のうちにびんに詰める。完熟した果実を,そのまま加工してびんに詰め熟成させる,ここにこそ味で勝負の農村加工の特徴がある。

表2-32)ジュース加工導入機器一覧
[橋場農園]

○台秤
○気泡式洗浄機
○攪砕機
○回転式蒸気釜
○フィニッシャー
○回転式蒸気釜攪拌装置付
○水洗タンク
○消毒殺菌庫
○消毒殺菌庫専用移動台車
○粘体びん詰機
○粘体びん詰機専用置き台
○半自動打栓機
○ステンレス作業台キャスター付
○2槽シンク
○手洗い

PART② 加工品に応じた機器の選択とレイアウト

◎ 3相200V
○ 単相100V
✕ 給水
⊛ 排水
● 蒸気

更衣室
原料倉庫
包装室

ジュース加工室

① 台秤
② 気泡式洗浄機
③ 攪砕機
④ 回転式蒸気釜
⑤ フィニッシャー
⑥ 回転式蒸気釜攪拌装置付
⑦ 水洗タンク
⑧ 消毒殺菌庫
⑨ 消毒殺菌庫専用移動台車
⑩ 粘体びん詰機
⑪ 粘体びん詰機専用置き台
⑫ 半自動打栓機
⑬ ステンレス作業台キャスター付
⑭ 2槽シンク
⑮ 手洗い
⑯ 排水溝

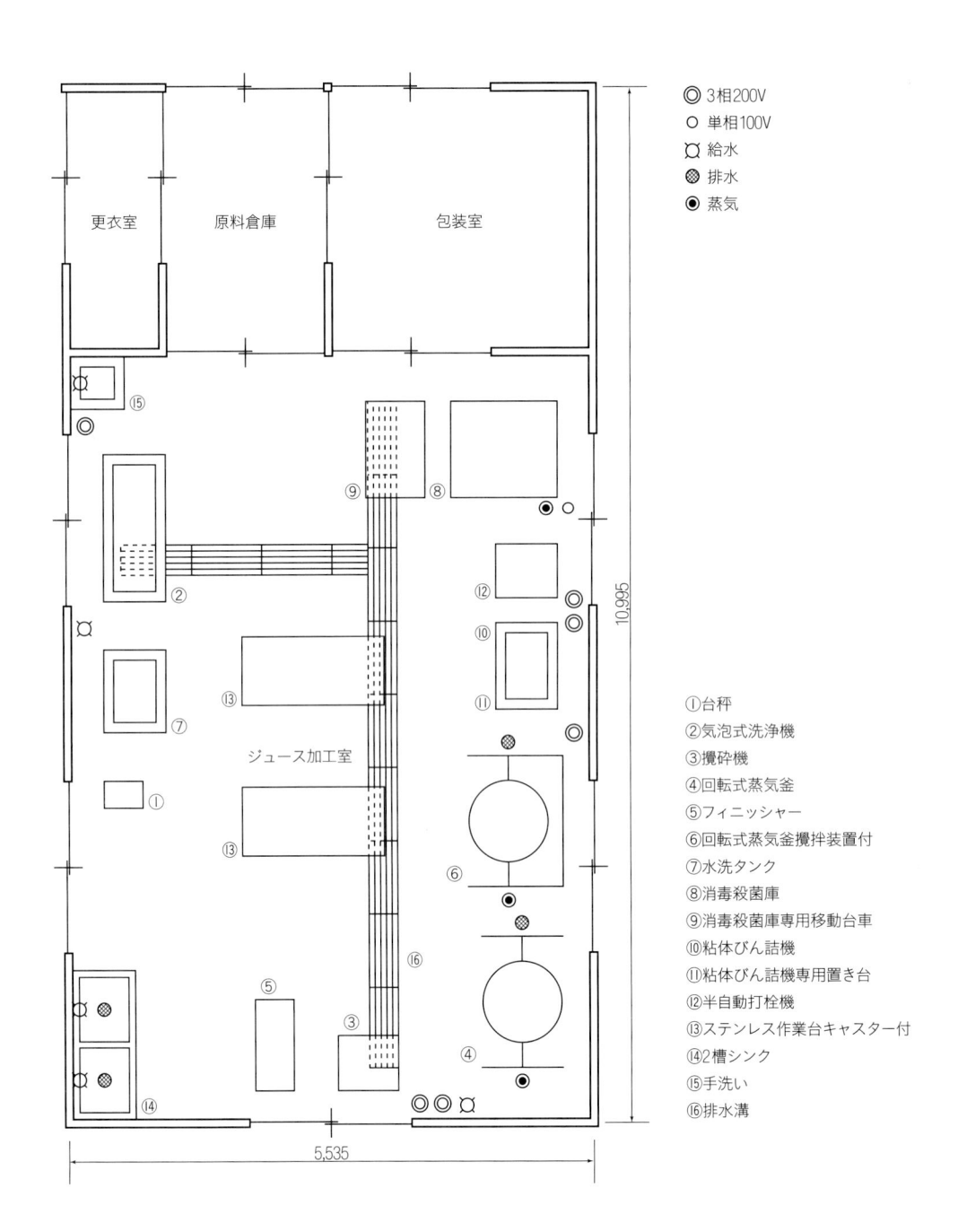

図2-33)ジュース加工室レイアウト[橋場農園]

[XII] アイスクリーム(ジェラート)

●アイスクリーム加工の特徴と機器選択

アイスクリームの製造工程を図2-34に示す。

●製品コンセプトの考え方と機器選択

多様な地域素材を取り込む

　アイスクリーム(ジェラート)は，サツマイモ，メロン，ワサビなど特産原料との組合わせがさまざまに可能な素材であり，配合割合さえうまくできれば，オリジナルアイスクリーム(ジェラート)は開発しやすい。アイスクリームの加工および販売の要は飽くなき開発努力だろう。特産原料でバラエティーに富んだメニューが可能だ。最初に買いに来たお客が2回目に来たときに，以前と違うメニューがあれば発見と驚きがあり，また買ってくれる。メニューが豊富なら飽きずにリピーターになってくれる。飽きさせない努力こそが加工と販売の基調だ。しかし，バナナのような明らかに地元にないものを素材にするのは感心しない。基本的には，多様な地元素材を選択すべきだ。

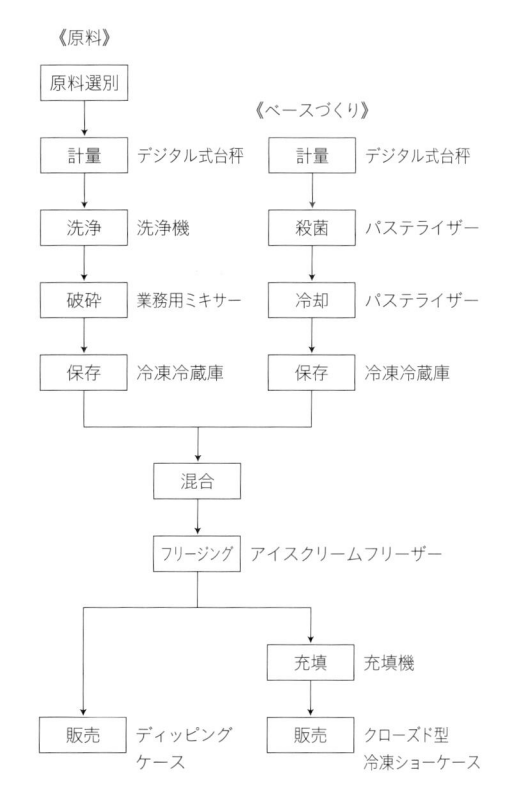

図2-34) アイスクリーム(ジェラート)の製造工程と必要な加工機器

アイスクリームがひらく可能性

　地域素材を取り込んでつくられるアイスクリームは，地域の生産活動を活性化する力をもっている。これは大げさな言い方のようだが，ぜひ考えてみてもらいたい。たとえば，地域素材としてムラサキイモ(サツマイモ)のような農産物がある場合は，これを取り込むことによって，地域の農業生産を刺激するきっかけになる場合がある。さらに，若い世代が農村加工に注目するきっ

かけをつくれるかもしれない。子育ての終わった30代後半から，40代の人たちを加工に迎えたい。こういった人たちは味噌やもちではひきつけられないかもしれないが，アイスリームならその可能性は高い。これは金に換算できない大きな効果であろう。農村加工グループの後継者のことを考えると，とくにこの点を強調しておきたい。

加工技術のハードルは高くない

しかもアイスクリームの加工は，基本的にはアイスクリームベースと混ぜ込む素材の配合さえ決めておけば，素人でも取りかかれるという面もある。若い人の発想もどんどん取り入れてメニューを創造し，あくなき製品開発によってリピーターを増やすことである。

さらに，原料乳が搾りたての牛乳であれば，製品の訴求力は抜群に高くなるはずである。ただ，乳製品の加工には食品衛生に関するさまざまな規制がある。「搾りたての牛乳」ということも含めて所轄の保健所によく相談することは重要である。

アイスクリームとソフトクリーム

アイスクリームとソフトクリームがあるが，お勧めはなんといってもアイスクリーム（ジェラート）である。ソフトクリームは，機械の構造上バラエティーが出しにくいため，リピーターを獲得しにくい。ソフトクリームはノズルの中を原料が巡回していくうちに冷やしていくものだが，このノズルが細いために，ソフトクリームベースに混ぜられる地域の素材が限られる。粉末状にできるものでなければ混ぜ込むことはできない。しかもこのノズルは2本と限定されている。販売もこのノズルの数プラスミックスでしか行なえない仕組みだ。

一方のアイスクリームの場合は，シリンダー（筒）の中を回りながら，周りにある冷媒によって冷やす仕組みになっている。このシリンダー（筒）の口径が大きいために，アイスクリームベースに混ぜ込むことができる素材はいくらでも増やすことができる。ほとんど制約はないともいえる。これをショーケースに移して販売する。地域資源を活用した加工品として，ソフトクリームでなく，アイスクリームを勧める理由のひとつがここにある。

●直売所での販売が人気

ジュースとアイスクリームを比べてみると……

農村加工でアイスクリームに取り組む場合，販売方法は直売所によるものがほとんどであろう。ここで，ジュースとアイスクリームを比べてみる。4組の家族で20人の来客があったとしてジュースならせいぜいが2, 3本だろうが，アイスクリームなら1人1個。家族で1個だとか2人で1個だとかという買い方はしないものだ。だから確実に売上げはジュースよりも上がる。直売の場合，立

地条件も大きい。国道沿いの場合と，ちょっと外れでわざわざ立ち寄る必要がある直売所とではやはり売れ行きに違いが出るが，新商品の開発意欲をもちつづけ，お客を飽きさせることがなければ立地条件は克服できると思う。

販売スペースから加工室が見える設計に

　直売所での販売を前提とすると，施設の設計にあたっては，販売カウンターと加工室が直結していることが重要である。これはお客に，フリーザーから取り出したばかりの，できたてのアイスクリームを食べてもらいたい，少しでもおいしいものを食べてもらいたいという発想からきている。販売スペースから加工室が見えるようにレイアウトを考え，つくりたてのアイスクリームを店頭販売することで話題化できるようにすべきである。ただし見えることと見せることは違う。これ見よがしに大きなガラス窓にする必要はない，普通の窓でよい。

容器のコーンも届けて加工者と共感

　わが社では，ジェラートのコーンをアイスクリーム加工所に販売している。単価はわずかであるがコーンを届けることで直売所のアイスクリームの売上げが伸びていることがわかるし，機械を納品した先の事業の伸びも実感でき，いっしょに喜ぶことができる。こうした共感を大切にしていくことは，経済性を越えた信頼関係を生むことになる。

●アイスクリームづくりに必要な加工機器

　図2-34の製造工程に基づく30～45L/時のアイスクリーム機器は以下のとおりである。

パステライザーおよびフリーザー

　アイスクリーム製造に不可欠な機器はパステライザーとフリーザーである（写真2-73）。原料乳の殺菌処理はパステライザーを使用せず，鍋，釜でできないことはないが，沸騰させて味を悪くしてしまう。

　トリティコ社製のものはパステライザーとフリーザーがいっしょになっており，ミキシング，パステライジング，フリージングの3つの働きを一台で行なうことができる（写真2-74）。上のパステライザーで加熱した牛乳を空気に触れさせずにフリーザーに流し込める式のものである。空気に触れないから保健所の認可も出やすい。カルピジャーニー社製は，パステライザーとフリーザーが分かれている。どちらにするかは，味の好みによる。トリティコ社のものはさらっとして脂肪分の少ないアイスクリームに合うし，カルピジャーニー社のものはこってりした脂肪分の多いアイスクリームに合うようだ。

写真2-73)
カルピジャーニ・ジャパン社製の
パステライザーとフリーザー

パステライザー　　　　　　フリーザー

　アイスクリームの機器の初期投資は1,000万円単位と思ってよい。ただし，回収も早いのがアイスクリームの特徴である。立地にもよるが，うまくすれば，2～3年で初期投資を回収できる場合もある。

業務用ミキサー

　添加する果物などの攪砕に使うものである。素材を壊し過ぎない，素材のよさを生かせるようなミキシングを心がけたい。

カップ詰機

　お客の要望として「おいしいので，カップ詰めにして持ち帰りたい」という声をよく聞くが，これには賛成しかねる。持ち帰り用の販売には，カップ詰機がないと保健所の許可がおりないから経費もかかる。それより何より，カップ詰めにして持ち帰った商品は，現地で食べるよりも確実に味が落ちるからである。

　アイスクリームは，－12℃がいちばんおいしい。ところが家庭に持ち帰ると家庭用冷凍庫の場合－20℃で冷凍する。もともと現地で食べることを前提としたレシピのため，一度凍ったものを解凍して食べると味が変わってしまうのである。おいしいものは現地に足を運んで食べていただきたい。持ち帰り用を販売し，持ち帰ったそのアイスクリームの味が落ちていて評判も落とすということにしたくないのである。あくまでアイスクリームはつくっているその場で，出来たてのものを食べてほしい。

[Ⅻ] アイスクリーム（ジェラート）

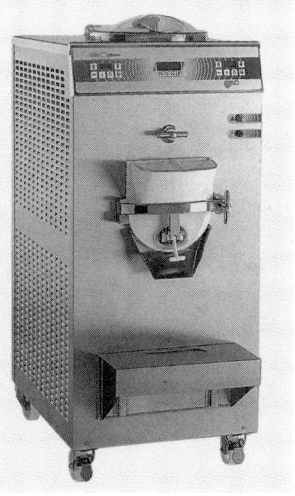

写真2-74）トリティコ社製のパステライザーとフリーザー
［あいとうマーガレットステーション］

写真2-75）業務用高速ミキサー
［あいとうマーガレットステーション］

業務用冷凍冷蔵庫

　冷凍冷蔵庫は原料の貯蔵と，アイスクリームをショーケースに入れておくのに使うバットの冷凍に必要である。メロンなど収穫時期が限られる原料の確保と保存のための中期保存には，冷蔵庫より冷凍庫がよい。原料の中期保存の必要性は増えてきている。そのため冷凍庫も大きめのものを確保することが必要である。原料などがかさ張り，コンテナケースに入れたまま冷凍保存する場合は，扉式の業務用冷凍庫よりプレハブ式の冷凍庫がベターである。

ショーケース

　予算があれば，イタリア製のジェラート専用のショーケースを勧めたい（写真2-76）。日本製のショーケースは四面に冷却面があり，その冷却面によりショーケース内を冷却する仕組みとなっている。そのためバットと冷却面との距離により若干アイスクリームの保存温度が異なることがある。

　一方，イタリア製のジェラート専用のショーケースの場合は，冷風をショーケース内に循環させて冷却する仕組みとなっているため，バットごとの保存温度は一定であり，つくりたての味を限りなく保存できる仕組みになっている。国産ショーケースでも可能ではあるが，味にこだわるならイタリア製にしたいものである。

113

写真2-76）ショーケース

ジェラート用のショーケース　　　ディッピングケース

●レイアウト──フリーザーが販売カウンターから見える位置に

　販売カウンターからアイスクリーム加工の風景が窓越しに垣間見られるレイアウトにすることにより，現地加工による新鮮さや安全・安心が消費者に確認でき，販売増加につながる。

　加工室の中のメインになるフリーザーが，販売カウンターから見えるように設計することが大切である。

　表2-33にここで取り上げた加工所が導入した加工機器一覧を，また図2-35加工施設のレイアウトを示した。アイスクリームの場合，場所は狭くてすむ。5m×5mほどの広さでも間に合う。

表2-33 アイスクリーム加工導入機器一覧
［あいとうマーガレットステーション］

〈アイスクリーム加工室〉	○コマーシャルブレンダー
	○業務用冷凍冷蔵庫
	○電子天秤
	○アイスクリームフリーザー
	○作業台
	○食器戸棚
	○2槽シンク
	○移動作業台
〈販売カウンター〉	○ソフトアイスクリームマシーン
	○アイスクリームショーケース
	○アイスクリームストッカー

[XII] アイスクリーム(ジェラート)

図2-35) アイスクリーム加工室,販売カウンターのレイアウト [あいとうマーガレットステーション]

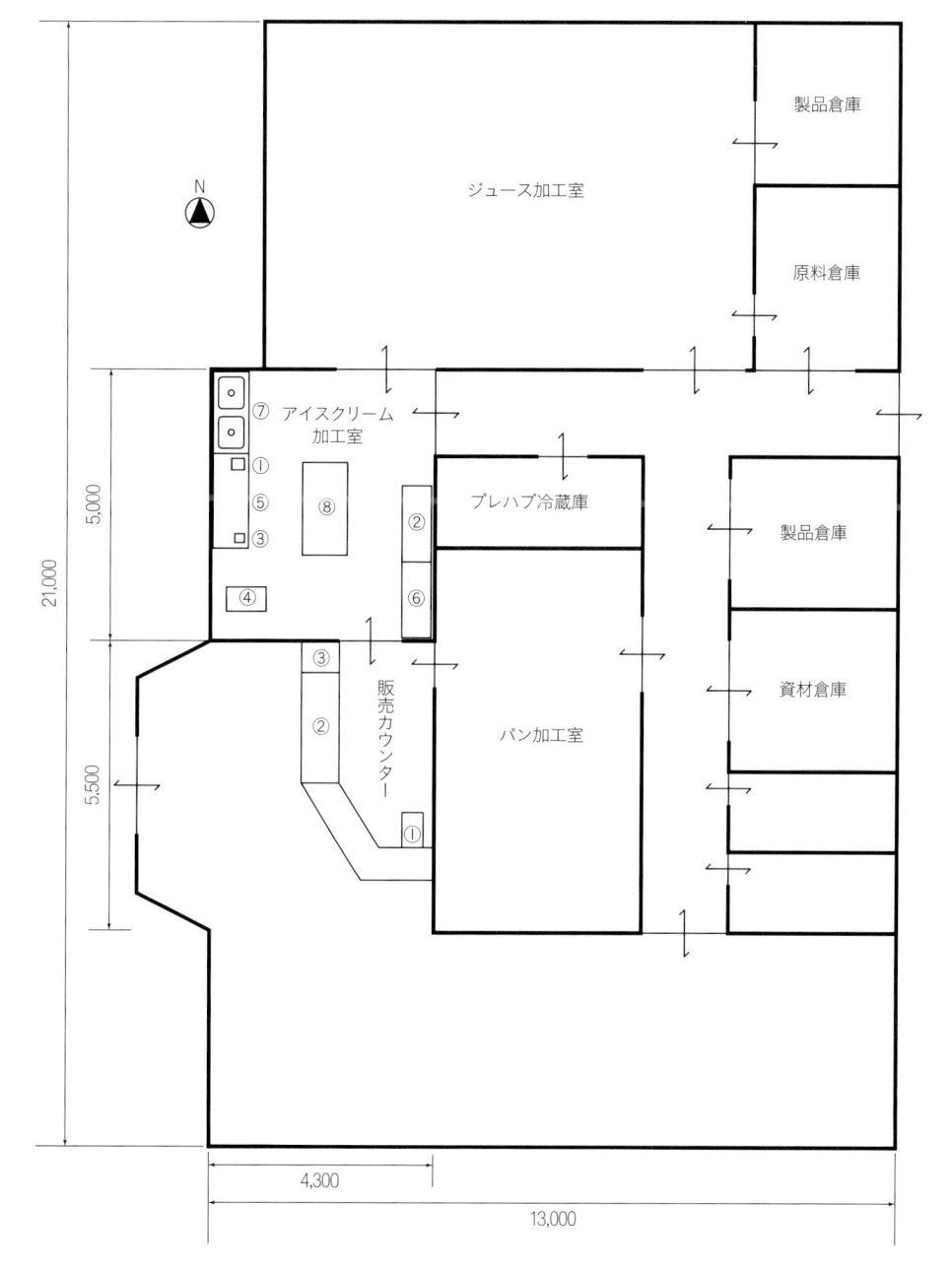

〈アイスクリーム加工室〉 ①コマーシャルブレンダー,②業務用冷凍冷蔵庫,③電子天秤,④アイスクリームフリーザー,⑤作業台,⑥食器戸棚,⑦2槽シンク,⑧移動作業台

〈販売カウンター〉 ①ソフトアイスクリームマシーン,②アイスクリームショーケース,③アイスクリームストッカー

経営の自立とコミュニティ再生へつながる農村加工

◉大量流通・大量消費から少量多品目生産の時代への転換

　農村加工でつくられる製品は，販売面では通常，大量広範囲流通を考えていない。直売または通信販売のものが多く，face to faceを基本にしたものである。一方，食品工場でつくられる製品は全国市場をめざした大量広範囲流通を前提にしており，これにあった原料選択と製造方法をもっている。一般の食品と農村加工でつくられる食品の流通を比較して示したのが図2-36である。

　大量広域流通がこれまでの市場のあり方を決め，農業生産のあり方を強く規制してきた。産地づくりのための努力が日本各地で営々と続けられたのである。この産地―市場流通の大きな流れは，1990年代の新食糧法の施行によって大きく変動を始めたようにみえる。米の販売が自由化されたなかで，農家は直接消費者と結びつくチャネルをもつようになった。米以外の農作物全般が産直，直売の流れのなかに加わっていく。産直・直売は農村加工にも新しい風を送り込んだ。

◉市場流通から小さな流通システムへの切替えをどうつくるか

顔の見える関係の上に成り立つ農産物直売所

　農産物直売所が全国で1万6,000か所を超えて増え続けている。コンビニ以上の数という。農家がその足元で販売拠点をもつことの意味は大きい。これまでは，産地をつくり，中央の大消費地に向けて生産を続けてきた。規格も統一して大量に流通しやすいもの，まったく流通業者主導のもとで，販売は一切農家の側にはない状態が続いた。農産物直売所では農家自らが価格をつけることができる。大きく時代は変わっている。全国流通から離脱して，地産地消で足元での需要拡大をめざす農家の動きが，農産物直売所を押し上げているのである。まずは顔の見える関係でのやりとり，販売が無数に広がり始めたといえる。

農家本来の「おすそ分け」をベースにした小さな流通販売

生産した農作物を自分たち家族が食べてもなお余るからもったいないと思う，そこで周囲の人々に分けるという，農家が本来もっている「おすそわけ」の考え方をベースにしたような販売行為が，農産物直売所を介して広がっている。こうした「おすそ分けの思想」ともいうべき農家気質から始まる販売なら，大きく儲けを追求するのとは違う生き方がある。生産量にも自ずと制約があるし，販売量もその範囲に限られる。こうした地産地消の小さな流通システムが，地域での暮らしを支え，地域での生産を支える時代がきているといえよう。

人と人，人と地域を結び直す新しい生産流通

この小さな流通システムは，人と人とのかかわりの結び直しが前提である。産地と市場の関係ではなく，顔の見える関係を結び直す。一人ひとりの関係から生まれる流通である。原料にこだわることや手づくりのよさにこだわれるのも，小さな流通だからである。しかも提供する食材や加工品が認められて納品先の定番となれば，量は少なくても，安定した経営のベースともなるだろう。一人ひとりの関係の結び直しは，やがて地域のなかでの関係のつくり直しにつながる。経営の自立も地域の活性化も，まず人がつながることが出発点である。この点で，不特定多数に宣伝を仕掛けて，大量販売をめざす大手食品工場とは対極にあるともいえるのが，農家の取り組む農産加工（農村加工）だと思う。

図2-36）食品流通の形態の違い

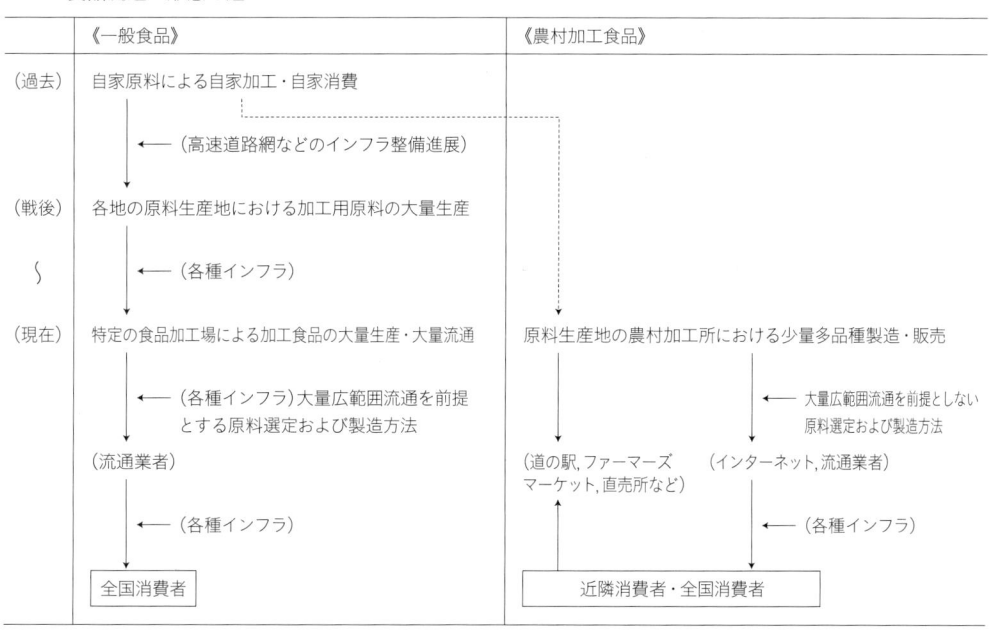

	《一般食品》	《農村加工食品》
（過去）	自家原料による自家加工・自家消費	
	←（高速道路網などのインフラ整備進展）	
（戦後）	各地の原料生産地における加工用原料の大量生産	
～	←（各種インフラ）	
（現在）	特定の食品加工場による加工食品の大量生産・大量流通	原料生産地の農村加工所における少量多品種製造・販売
	←（各種インフラ）大量広範囲流通を前提とする原料選定および製造方法	←大量広範囲流通を前提としない原料選定および製造方法
	（流通業者）	（道の駅，ファーマーズマーケット，直売所など）　（インターネット，流通業者）
	←（各種インフラ）	←（各種インフラ）
	全国消費者	近隣消費者・全国消費者

●発酵食品の変遷が教える時代の転換
── 環境, エコロジー, 暮らしの質, 安全・安心へ

「自らつくること」を放棄した高度経済成長時代

　手前味噌の言葉を引くまでもなく，かつて味噌はそれぞれの家で仕込むものであった。昭和50年代までは，まだ農村でも共同で味噌を仕込んでいるところもあった。昭和30年代後半から本格化する高度経済成長時代を経過するなかで，味噌は自家での仕込みではなく，スーパーで購入するものに変わっていく。ことは味噌に限らない。自ら「つくる」のでなく，あらゆるものを「購入する」ことで，豊かな生活を送るというのが高度経済成長時代を支配する思想だった。当時は，あたかも自然の生み出すもののすべてを，人間の力で人工的につくり出すことができるかのような，幻想が世の中全体を支配していた。隔世の感があるが，緑の山を切り崩し高層のビル群が生まれることは，進歩であり発展であると考えられた時代である。経験知による発酵食などは，勘にたよる非科学的な世界であるとして退けられるような風潮が生まれていた。

「なつかしい未来」のなかに本質がある

　高度経済成長から低成長，ゼロ成長，はてはマイナス成長といわれる時代となって，周りを見回すと，自然との共生，自然力を生かす動きが目立って増えてきた。今の時代は，かつてあった世界，「団塊の世代」といわれるようなわれわれの世代が「なつかしい」と感じる世界に注目するようになった。たとえば，映画『三丁目の夕日』が支持を集めるのもそのひとつだろう。「なつかしさ」のなかに，素朴だが物事の本質にかかわるものがあること，この点に日本の社会は気づき始めている気がする。これからの社会，未来はこの「なつかしさ」のなかにあるといってもよいだろう。

発酵食の世界は自然との共生が前提

　麹に代表される発酵食の世界は，自然との共生そのものであり，微生物の力を生かしてこれにたよって質的に違うものを生み出すものであり，人間はその一部に介在するにすぎない。麹菌の生態をよくよく理解して，その力を引き出すように人間がかかわる，そのかかわる術（すべ）を知らなければいいものはできない。ヒトは自然の一部にすぎないことを自覚して，自分の足元，地元を基点にした生産と暮らしを組み立て直すことが必要な時代になった。農家の取り組む農産加工（農村加工）は，そうしたヒトの暮らしの一端を担うものであると思う。

日本の農業が培った日本人力

　高齢化やTPP参加など日本農業の危機が喧伝されている。大きな岐路を迎えた状況のなかで，改めて日本農業の基本を考えてみる必要があろう。日本の農業は自然と謙虚に向かい合い，自然を生かすことで営まれてきた。栽培条件の不利な地域でも，ないものねだりをせずに，その条件を最大限に生かし，その持てる力を引き出す工夫の上に営まれてきたのが日本農業だった。こうした農業が日本人の基本をつくり，勤勉で真面目に孜々(しし)として仕事に取り組む精神風土を形づくったといえる。こうした「日本人力」ともいうべきものが，戦後の高度経済成長を支え，驚異的な成長を成し遂げる原動力ともなった。その「日本人力」が，経済成長の時代を経過するなかで忘れ去られた。現在の日本の行き詰まりの一因がここにある。日本農業が培った「日本人力」の基本を復興することが日本再生の基本だと思う。

世界の人口危機を救う日本の農業システム

　世界的な人口増加がいわれている。増加する人口をどう養っていくのかが今後の大きな課題となろう。富の偏在の問題があるにせよ，絶対量としての食料確保も必要だ。この分野でも，日本農業の果たす役割があると思う。日本農業はていねいな土つくりによる原料生産と，生産物をあますところなく使う農村加工の両輪で成り立ってきた。この土つくりから農村加工までの日本農業のシステム，これを世界に伝えることで世界各地の食料生産に資することがあれば，日本は外国から尊敬される国となることができるはずである。日本農業のシステムはそのような力を持っている。日本農業システムの再構築は日本ばかりでなく，世界を救うことができると考えている。

農業・農家こそが未来の花形産業

　資源循環と自然共生の絶妙なバランスの上に営々と営まれてきた日本の農業の力が，いまこそ求められていると思う。穀類，なかんづく米を中心にした耕種農業が人口を養う力は，牧畜農業の比ではない。餌生産に膨大なエネルギーを投入する牧畜よりもはるかに効率よく食料生産に寄与し，その上環境にも健康にもよいのが日本農業の生産システムだ。アメリカンスタンダードではなく，ジャパンスタンダードを求めたい。農業と農村加工こそが未来の花形産業だと思う。

●本書掲載にあたってお力添えいただいたメーカーのみなさん（掲載順）

（株）東洋商会	〒521-1341・滋賀県近江八幡市安土町上豊浦1397-11 ☎0748-46-2158
（株）マルゼン	〒110-0003・東京都台東区根岸2-19-18 ☎03-5603-7111
（株）AiHO	〒442-8580・愛知県豊川市白鳥町防入60 ☎0533-88-5111
（株）銅豊製作所	〒467-0856・名古屋市瑞穂区新開町14-8 ☎052-871-1534
（株）品川工業所	〒636-0311・奈良県磯城郡田原本町八尾508 ☎0744-32-4055
ヤヱガキF&S（株）	〒679-4211・兵庫県姫路市林田町六九谷681 ☎079-268-8060
（株）なんつね	〒583-0008・大阪府藤井寺市大井4-17-41 ☎072-939-1500
（株）東京菊池商会	〒963-4433・福島県田村市船引町北鹿又字沼ノ下121-80 ☎0247-82-0608
（有）あさひ号	〒830-0047・福岡県久留米市津福本町767 ☎0942-34-5884
中井機械工業（株）	〒575-0002・大阪府四條畷市岡山4-17-20 ☎0720-24-1551
東洋テクノ（株）	〒869-3472・熊本県宇城市不知火町松合 ☎0964-42-2211
（株）東光機械	〒557-0063・大阪府大阪市西成区南津守4-4-22 ☎06-6658-3477
エーシンパック工業（株）	〒339-0073・埼玉県さいたま市岩槻区上野4-3-15岩槻工業団地内 ☎048-794-5222
志賀包装機（株）	〒452-0822・愛知県名古屋市西区中小田井4-294 ☎052-503-7601
東静電気（株）	〒410-2325・静岡県伊豆の国市中島244 ☎0558-76-2383
吉川工業（株）（シンダイゴ）	〒805-8501・福岡県北九州市八幡東区尾倉2-1-2 ☎093-671-8626
（株）古川製作所	〒140-0014・東京都品川区大井6-19-12 ☎03-3774-3311
関東混合機工業（株）	〒174-0061・東京都板橋区大原町3-12 ☎03-3966-8651
（株）愛工舎製作所	〒335-0011・埼玉県戸田市下戸田2-23-1 ☎048-441-3366

(株)コトブキベーキングマシン	〒566-0074・大阪府摂津市東一津屋7-8 ☎06-6349-1616	
戸倉商事(株)	〒520-0002・滋賀県大津市際川3-34-10 ☎077-525-2227	
(株)ワールド精機	〒830-0103・福岡県久留米市三潴町高三潴1558-2 ☎0942-65-1120	
(株)西村機械製作所	〒581-0088・大阪府八尾市松山町2-6-9 ☎072-991-2461	
(株)サタケ	〒739-8602・広島県東広島市西条西本町2-30 ☎082-420-8558	
槇野産業(株)	〒124-0014・東京都葛飾区東四つ木2-11-8 ☎03-3691-8441	
(株)山本製作所	〒999-3701・山形県東根市大字東根甲5800-1 ☎0237-43-8811	
静岡製機(株)	〒437-1121・静岡県袋井市諸井1300 ☎0538-23-2661	
さぬき麺機(株)	〒767-0011・香川県三豊郡高瀬町下勝間148 ☎0875-72-3145	
(株)山田鉄工所	〒604-8425・京都府京都市中京区西ノ京銅駝町76-1 ☎075-841-2729	
渡辺工業(株)	〒924-0802・石川県白山市専福寺町116 ☎076-275-5191	
(株)国光社	〒457-0064・愛知県名古屋市南区星崎1-132-1 ☎052-822-2658	
(株)日高製粉機製作所	〒271-0054・千葉県松戸市中根長津町280 ☎047-363-9184	
宝田工業(株)	〒615-0803・京都府京都市右京区西京極南庄境町7 ☎075-313-6060	
服部工業(株)	〒444-8691・愛知県岡崎市羽根町字若宮30 ☎0120-842-581	
三浦工業(株)	〒799-2696・愛媛県松山市堀江町7 ☎089-979-7066	
(株)サムソン	〒768-8602・香川県観音寺市八幡町3-4-15 ☎0875-25-4581	
(株)コメットカトウ	〒495-0022・愛知県稲沢市祖父江町甲新田イ九65 ☎0587-97-2575	
ニチワ電機(株)	〒669-1339・兵庫県三田市テクノパーク12-5 ☎079-568-0581	
(株)サンフードマシナリ	〒176-0024・東京都練馬区中村1-16-2 ☎03-3998-5191	

●お力添えいただいた農産加工所のみなさん(掲載順)

甲賀もち工房
〒520-3402・滋賀県甲賀市甲賀町小佐治2121-1

大山田農林業公社
〒518-1422・三重県伊賀市平田103

JA草津市農業経済部 交流センター草津あおばな館
〒525-0029滋賀県草津市下笠町3203

道の駅 東近江市あいとうマーガレットステーション
〒527-0162・滋賀県東近江市妹町184-1

里山パン工房
〒520-1811・滋賀県高島市マキノ町海津897-27 道の駅マキノ追坂峠内

京・流れ橋食彩の会
〒614-8173・京都府八幡市上津屋里垣内56-1

太田たか子
〒527-0144・滋賀県東近江市百済寺町

道の駅 マキノ追坂峠
〒520-1811・滋賀県高島市マキノ町海津897-27

●写真撮影で協力いただいたみなさん(掲載順)

藤倉商店
〒286-0028 千葉県成田市幸町488(成田山表参道)

吾妻農産加工組合
〒859-1107・長崎県雲仙市吾妻町牛口名440-1

朝来農産物加工所
〒679-3431・兵庫県朝来市新井189-1

ふるさと餅工房おりづる
〒370-2313・群馬県富岡市君川480

●著者略歴

髙木敏弘[たかぎ としひろ]

昭和27(1952)年滋賀県安土町生まれ。昭和49年に滋賀大学経済学部を卒業し，松下電器産業(株)(現パナソニック)に入社。昭和54年に同社を退職し，父の経営する(株)東洋商会に入社。平成9年に代表取締役となる。30年の長きにわたり，農村加工のプランナーとして農業・農村の活性化のために，地産地消，安全・安心の農村加工の推進に取り組む。全国農産加工開発研究会(略称：JADAP)会員。また，愛するそして誇るべき故郷(ふるさと)安土のまちづくりに長年精力的にかかわり，さまざまな事業に取り組む。まちづくりの経験が農村加工への取り組みに生かされ，また農村加工での経験が町づくりに生かされている。LLP法人安土まちづくり理事・世話人，NPO法人三方よし研究所副理事長。
〈連絡先〉株式会社東洋商会／〒521-1341・滋賀県近江八幡市安土町上豊浦1397-11
TEL.0748-46-2158／FAX.0748-46-4958

農家の強みをいかす
農産加工機器の選び方・使い方

2012年3月31日　第1刷発行

[著者]　髙　木　敏　弘

[発行所]　社団法人　農山漁村文化協会

〒107-8668　東京都港区赤坂7丁目6-1
電話／03(3585)1141(営業)，03(3585)1147(編集)
FAX／03(3585)3668　　振替／00120-3-144478
URL／http://www.ruralnet.or.jp/

ISBN978-4-540-11160-0　〈検印廃止〉
© 髙木敏弘2012 Printed in Japan
DTP制作／(株)農文協プロダクション
印刷／(株)新協　　製本／根本製本(株)
定価はカバーに表示
乱丁・落丁本はお取り替えいたします。

地場農産物を活かす農村起業の手引き―
食品加工シリーズ

漬物	漬け方・売り方，施設のつくり方	佐竹秀雄著	1,524円＋税
納豆	原料大豆の選び方から販売戦略まで	渡辺杉夫著	1,619円＋税
豆腐	おいしいつくり方と売り方の極意	仁藤　齊著	1,524円＋税
そば	手打ち・そばつゆの技法から開店まで	服部　隆著	1,524円＋税
アイスクリーム		宮地寛仁著	1,524円＋税
ジャム	ジャム25種・ペクチンの手づくりから販売まで	小清水正美著	1,905円＋税
パン	委託栽培，製粉から開店まで	片岡芙佐子著	1,905円＋税
味噌	色・味にブレを出さない技術と販売	今井誠一著	1,762円＋税

「小池手づくり農産加工所」経営者 小池芳子の
「手づくり食品加工コツのコツ」（全5冊）

地元の食材でつくる，安全で美味しい加工品。
20年の経験を活かす食品加工の技と知恵，経営の極意。

1 ジャム類・ジュース・ケチャップ・ソース	1,619円＋税
2 果実酢・ウメ加工品・ドレッシング	1,429円＋税
3 漬け物・惣菜・おこわ・もち他	1,524円＋税
4 農産加工所の開設・経営・商品開発	1,524円＋税
5 惣菜　つくり方・売り方	1,600円＋税

地域から起こす6次産業化の基本図書―
地域資源活用 食品加工総覧

（全12巻）150,000円（税込み揃い価格）
分冊販売不可。年1回の追録発行（有償）

> 直接販売書籍ですので，農文協に直接お申込みください

研究者の手になる総論と各地のつくり手の技術と経営を具体的に紹介。
多様なレファレンスや学習・研究に応える第一級資料。

■全巻の構成■

●**共通編**　第1巻 地域・経営戦略と制度活用／第2巻 販売戦略 生産・経営管理／第3巻 加工共通技術―加工機器 品質管理 廃棄物利用

●**加工品編**　第4巻 米飯，もち，麺，パン，澱粉，穀粉，麸，こんにゃく／第5巻 漬物，惣菜，豆腐，納豆，缶・びん詰，乾燥食品，飲料／第6巻 乳・肉・卵製品，水産製品／第7巻 味噌，醬油，調味料，油脂，酒類，菓子，ジャム／第8巻 食品以外の加工品

●**素材編**
第9巻 穀類，雑穀，マメ類，イモ類，油脂作物／第10巻 野菜，山菜，その他草本植物／第11巻 果樹・樹木，きのこ／第12巻 畜産・水産・昆虫・非食品資源